海外中国
研究丛书

刘　东　主编

[美] 戴维·艾伦·佩兹　著
David Allen Pietz

姜智芹　译

ENGINEERING THE STATE

The Huai River and Reconstruction
in Nationalist China (1927–1937)

工程国家

民国时期（1927—1937）的淮河治理及国家建设

江苏人民出版社

图书在版编目(CIP)数据

工程国家:民国时期(1927—1937)的淮河治理及
国家建设/(美)佩兹著;姜智芹译. —南京:江苏人民出版社,2011.5(2021.5 重印)
(海外中国研究丛书/刘东主编)
ISBN 978 - 7 - 214 - 06949 - 8

Ⅰ.①工… Ⅱ.①姜… Ⅲ.①淮河-河道整治-研究-
1927—1937 Ⅳ.①TV882.3

中国版本图书馆 CIP 数据核字(2011)第 053836 号

Engineering the State: The Huai River and Reconstruction in Nationalist China, 1927‑37, 1ˢᵗ Edition / by David Allen Pietz / ISBN: 978 ‑ 1138968813

书 名	工程国家:民国时期(1927—1937)的淮河治理及国家建设	
著 者	[美]戴维·艾伦·佩兹	
译 者	姜智芹	
责 任 编 辑	张惠玲	
装 帧 设 计	陈 婕	
责 任 监 制	王 娟	
出 版 发 行	江苏人民出版社	
地 址	南京市湖南路 1 号 A 楼,邮编:210009	
网 址	http://www.jspph.com	
照 排	江苏凤凰制版有限公司	
印 刷	江苏凤凰扬州鑫华印刷有限公司	
开 本	652 毫米×960 毫米 1/16	
印 张	12.75 插页 4	
字 数	145 千字	
版 次	2011 年 5 月第 1 版	
印 次	2021 年 5 月第 2 次印刷	
标 准 书 号	ISBN 978 - 7 - 214 - 06949 - 8	
定 价	38.00 元	

(江苏人民出版社图书凡印装错误可向承印厂调换)

序 "海外中国研究丛书"

　　中国曾经遗忘过世界，但世界却并未因此而遗忘中国。令人嗟讶的是，20世纪60年代以后，就在中国越来越闭锁的同时，世界各国的中国研究却得到了越来越富于成果的发展。而到了中国门户重开的今天，这种发展就把国内学界逼到了如此的窘境：我们不仅必须放眼海外去认识世界，还必须放眼海外来重新认识中国；不仅必须向国内读者迻译海外的西学，还必须向他们系统地介绍海外的中学。

　　这个系列不可避免地会加深我们150年以来一直怀有的危机感和失落感，因为单是它的学术水准也足以提醒我们，中国文明在现时代所面对的绝不再是某个粗蛮不文的、很快就将被自己同化的、马背上的战胜者，而是一个高度发展了的、必将对自己的根本价值取向大大触动的文明。可正因为这样，借别人的眼光去获得自知之明，又正是摆在我们面前的紧迫历史使命，因为只要不跳出自家的文化圈子去透过强烈的反差反观自身，中华文明就找不到进

1

入其现代形态的入口。

　　当然,既是本着这样的目的,我们就不能只从各家学说中筛选那些我们可以或者乐于接受的东西,否则我们的"筛子"本身就可能使读者失去选择、挑剔和批判的广阔天地。我们的译介毕竟还只是初步的尝试,而我们所努力去做的,毕竟也只是和读者一起去反复思索这些奉献给大家的东西。

刘　东

目 录

译者的话

《工程国家:民国时期(1927—1937)的淮河治理及国家建设》和此前江苏人民出版社出版的"海外中国研究系列"中的《一江黑水:中国未来的环境挑战》称得上是姊妹篇,《一江黑水》以淮河流域的生态环境变化为切入点,探讨了中国为经济高速发展付出的环境代价,而《工程国家》研究的是民国时期的淮河治理及国家建设。从中华民国到中华人民共和国,淮河的面貌发生了天翻地覆的变化,国民党没能完成的治淮事业,共产党成功地完成了,昔日洪水泛滥、灾难频发的淮河,如今又恢复了历史上"饭稻羹鱼"的丰饶景象。

本书作者戴维·艾伦·佩兹(David Allen Pietz)是华盛顿州立大学副教授,1998年获华盛顿大学博士学位,有着丰富的中国访学与研究经历。1993年、1994年夏在南京大学做访问学者,与中国社会科学院、中国水利研究院、黄河保护委员会等合作研究过中国水资源方面的项目。佩兹主要研究中国经济与环境发展史,重要学术成果有专著《工程国家:民国时期(1927—1937)的淮河治理及国家建设》(2002),合著《中华人民共和国的国家体制与经济发展》(2000),论文《中国2010年前的石油与天然气需求》(2000)、《中国的石油储备战略:现状与未来发展方向》(2002)、《中国的能源危机》(2008)等。

本书在考察中国近两千年的水利发展史基础上,重点探讨了民国时期淮河的治理,给我们提供了不同历史时期淮河治理的详细史料。全书分两大部分,第一部分考察了从公元前200—1927年淮河治理的历史变迁,分两章。第一章描述了公元前200—1855年淮河流域的环境变化,认为黄河夺淮、朝廷保漕运的政策以及缺乏技术创新,导致了淮河下游地区的社会和经济混乱。第二章探讨了1500—1927年淮河流域管理模式的变化和淮河治理取得的进展,指出黄河1855年的改道,使得清政府退出了淮河水利的管理和治理,地方势力基于传统士绅的责任,组织进行淮河水利的保护和治理,实施了一些小规模的水利项目。在治淮进展方面,一是提出了把河道管理和工业发展结合起来的思路,二是引进了国外的现代水利科学,三是吸引国外资本。

第二部分聚焦于1927—1937年,分析清朝灭亡后国民党政府是如何接管淮河水利并对其进行大规模治理的,这也是本书的核心内容。作者佩兹把研究的重心放在1929年建立的导淮委员会上,将其置于国民政府经济建设的背景之下,剖析围绕淮河治理所引起的国民政府内部的政治纷争以及中央与地方政府的矛盾。

这一部分具体分为四章,在章节顺序上承继第一部分。第三章讨论了导淮委员会的成立、行政职能和其提出的淮河治理计划,重点剖析了围绕淮河入江入海和三条不同入海水道的论争。虽然导淮委员会重视水利技术专家的作用,但由于缺乏资金,1927—1931年的淮河水利工程并没有取得实质性的进展。第四章记述了1931年淮河流域的特大洪灾和国民政府的救灾活动。国民政府成立救济水灾委员会,购买美麦渡过难关,并组织水灾地区的河工修复被冲毁的堤坝。作者指出,尽管这次洪灾给淮河两岸的人民带来了深重的灾难,但却为国民政府巩固其政权统治创造了机遇。一方面,在这次救灾中成立的国民政府救济水灾委员会建立了全国水利行政管理的基础;另一方面,赈灾工作为国民政府把政权统治向地方延伸提供了机会,同时也进一步加强了国民政府对治淮必要性和紧迫性的认识。第五章探讨了淮河的行政管理。导淮委员会在申请到中英庚款贷款后,开始实施淮河治理工程。为了对全国水利进行统一行政管理,国民政府成立了全国经济委员会,统筹管理全国的水利工作,导淮委员会隶属其下。尽管国民政府有着强化水利中央管理的强烈愿望,但由于国民党内部不同政治势力的较量,导淮委员会并没有真正并入全国经济委员会,而是越来越自主、独立,成为陈果夫主政的江苏省政府的附属部门。第六章详细探讨了导淮入海工程的实施及在实施过程中的工夫征用和治安问题。三年艰苦的治淮努力完成的是一个与原定计划相比大大缩水的工程,也没有实现其水力发电、航运和灌溉的现代化目标。而1938年为阻止日军南下进犯,蒋介石下令炸开河南花园口的大堤,使得导淮入海工程前功尽弃。随后一直到1949年,淮河治理都处于停滞状态。中华人民共和国成立后,大规模的淮河治理工程才开始实施。

1950年10月14日,中华人民共和国中央人民政府政务院颁布《关于治理淮河的决定》,拉开了新中国治淮的序幕。60年来,中国政府始终把淮河作为全国江河治理的重点,树立人与自然和谐相处的理念,始终坚持"蓄泄兼筹"的方针,组织动员各方面力量,统筹规划,科学治水,依法管水,合力兴水,逐步让淮河成为一条安澜之河,富庶之河,造福于淮河两岸的人民,书写了水利发展史上的辉煌篇章。

本书作者大量利用了20世纪30年代淮河治理的档案资料,以史实为依据,得出较有说服力的结论。但由于作者在写作本书时参阅了大量中文资料,鉴于中英两种不同语言的转换,其英文版中的数据单位等,可能有不确实之处,译者在翻译过程中发现了个别前后不一致的地方,并作了说明或改动。但限于笔者对淮河治理的历史知识不够丰富,有些存在的问题可能没有发现,还请读者在阅读时加以注意。

本书翻译时遇到的难题是,其中涉及诸多中国历史上不同朝代的官职、机构等名称,这些都要准确地还原。此外,本书还涉及众多的中国人名、地名、书名。在翻译过程中,我和作者进行过多次邮件交流,但有些专有名词仍然无法准确还原,因此采用了音译。作者对某些中国地名、机构的"特殊"英译,给我的中文还原带来了乐趣。比如都江堰,作者译为 All Rivers Wier。我初尔迷惑,等到明白过来时则不禁莞尔(All 对应"都"[dou])。还有 Judicial Yuan(司法院),Executive Yuan(行政院)等都有异曲同工之趣。

需要说明的是,本书中引用的台湾"中央研究院近代史研究所"的一些资料,限于条件,无法查询核对原文,只好根据英文翻译出来。书中引用的中国第二历史档案馆的部分文献,由于该馆正进行数字化工程,不允许读者进馆查阅,也无法核对原文。这些还请读者诸君谅解。

在本书的翻译过程中,曾得到淮安市政协副主席、著名史志专家和大运河研究专家荀德麟先生的帮助,他热心地寄来本书中引用的他的一篇论文,为我的翻译提供了便利,在此向他表示衷心的感谢!此外,中国第二历史档案馆的郭必强先生和江苏省档案馆的工作人员也为我查找资料提供了帮助,谨致谢忱!

当然,还要感谢清华大学国学院的刘东教授、江苏人民出版社的王保顶先生和责任编辑张惠玲女士,他们在本书的翻译、出版过程中,都给予了热情的鼓励、支持和帮助,在此一并向他们表达诚挚的谢意!

本书也是译者正在进行的研究项目——山东省自然科学基金项目"基于文艺手段的科学传播研究"(项目号:Y2008H22)、山东省软科学研究计划项目"科学知识传播途径研究"(项目号:2007RKA093)的成果之一。

姜智芹

2011 年 3 月于济南

计量和货币换算

计量换算

里 = 0.5 公里

顷 = 6.6667 公顷

亩 = 0.6667 公顷

货币换算

1 元 = 0.33376 美元(1934 年)

插入地图一览表

插入表格一览表

致　谢

首先,我要感谢我的硕士导师威廉·柯比(William Kirby),他极力支持我开展这项关于淮河的研究,并在资料方面给予了重要帮助。我还要感谢论文答辩委员会的其他委员:詹姆斯·石(James Shih)和劳伦斯·施奈德(Lawrence Schneider),这两位先生同样给予我很大帮助。

本项目的研究得到各方面的资助。感谢华盛顿大学和哈佛大学的研究生院给了我及时、宝贵的支持。另外,美国学术团体协会、太平洋文化基金会和时报文教基金会为我在中国台湾和大陆的研究提供了经费。

本项目的大部分研究工作是在中国第二历史档案馆(南京)、江苏省档案馆和中央研究院近代史研究所(南港)完成的。我要感谢这些单位及其工作人员,由于工作人员的大力协助,我的研究工作得以顺利进行。

还有很多人以各种方式对我的研究工作给予帮助和支持,在此谨表衷心的感谢,他们是:张秀蓉(Chang, Hsiu-jung)(以及米歇尔)、程琳孙、威廉·哈斯(William Haas)、乔治·海契(George Hatch)、尤金·索韦亚克(Eugene Soviak)、唐元海、王树槐、严学锡(Yan Xuexi,音译)、查一民、张宪文和钱今保等。我还要感谢范力沛(Lyman Van Slyke)教授,他允许我从他 1988 年出版的那本关于长江的精彩著作中复印了几幅地图。最后，我要特别感谢瓦莱利亚·尼克里·佩兹(Valeria Nicoli Pietz)，他在制图、做表、编辑、索引等方面都给予了宝贵的支持和协助。

书中不准确和舛误之处，均由作者负责。

前　言

1927年北伐以后,国民政府(1927—1949)踌躇满志,开始执政。国民 xv
政府声称要保护中国人民的爱国主义精神,应对来自国内外的威胁,努力
实施国父孙中山的政治、经济纲领。"建设"成了挂在国民政府领导人嘴边
的词汇,在他们看来,建设意味着制定社会和经济政策,保障统一后的中国
的财富和权力。建设的最终目标是实行中央集权,建立统一的国民政府,
制定统一的发展政策,协调经济建设的各类资源。国民政府建设大业的一
个重要事项是治理淮河。提出这项任务,部分原因是在历史上早就有人呼
吁进行淮河治理,但是由于数百年积累的生态恶化,淮河治理一再搁浅。

与中国的其他大河一样,淮河与中国农业社会的兴起有着密切的关
系。在有关中国(或汉)文明起源的神话传说中,中国的河流总是处于核
心地位,神话中的大禹在史前时期就疏通淮河、黄河和长江。在当时的
茫茫沼泽中,这些新疏通的河道开垦出土地,为中华帝国的发展提供了
农业条件。正如传说所言:"微禹,吾其鱼乎!"①

---

① 关于这一传说和其他文化传说,参见约瑟夫·R.列文森和弗朗兹·舒尔曼(Joseph R. Lev-
enson and Franz Schurmann)《中国:从起源到汉朝衰落的历史阐释》(*China: An Interpre-*
tive History, from the Beginnings to the Fall of Han),伯克利:加利福尼亚大学出版社,1969
年,第4—5页。

随着学者(主要是西方学者)将中国政治体制的本质和维护中国水道的必要性等同起来,水和中国文化之间的特殊联系在 20 世纪得到充分的体现。正如卡尔·魏特夫(Karl Wittfogel)所说,帝国控制(他使用的是"东方专制主义")的集权本质在社会各阶层对防洪堤、运河以及灌溉系统的严格管辖中反映出来。最近的一些研究对国家和地方的关系进行了分析,研究结果推翻了关于"东方专制主义"的猜测,表明帝国的权力其实很有限,没有管理地方社会的能力。但是,在整个封建社会,"管理河道",尤其是管理大型水利工程,一直是中国历代朝廷关注的重心。建设水利灌溉系统以发展农业,建设有效的运河系统以把粮食运往京城,这对于保持帝国不断扩张至关重要。①

然而,中国各省在大建水利工程的同时,也付出了代价。农业的精耕细作、过度依赖运河以及把河道决口作为战争手段,都给环境带来了严重的影响。到了封建社会后期(从 1500 年开始),水利设施破坏、修复、再破坏,周而复始,这一循环发生的频率越来越高。对于帝国的统治者来说,有效地"管理河道"的能力是其统治合法化的重要标志。的确,要想成功地"管理河道",需要强有力的省级政府调动必要的人力和物力资源,实施大规模的水利建设工程。但是,长期以来,取得这样的"成功"的结果是不断地修建新的水利设施(比如更多、更高的堤坝),从而使水利系统变得更加复杂,也增加了后继王朝的行政和财政负担。到了 19世纪,清政府在内忧外患的冲击下,已经无力集中资源解决淮河流域越来越恶化的问题。19 世纪中期,清政府突然放弃对淮河的行政管理,将重点转移到开发沿海地区。到了 20 世纪初,淮河流域相继多次发生洪涝、饥馑,造成严重的社会和经济混乱。

---

① 参见卡尔·魏特夫《东方专制主义——对于集权力量的比较研究》,纽黑文:耶鲁大学出版社,1957 年。对于帝国权力本质的相关探讨,参见冀朝鼎:《中国历史上的基本经济区与水利事业的发展》(*Key Economic Areas in Chinese History as Revealed in the Development of Public Works for Water-Control*),伦敦:乔治·艾伦和爱文出版社,1936 年。

1911 年清政府垮台，然后是十几年的军阀混战。此后，国民政府试图重新对淮河管理实行中央控制，并将此作为国家建设计划的一部分。国民政府最先建立的机构之一是导淮委员会。面临着诸多严峻的水利问题，导淮委员会的目标有两个方面：遏制洪涝和推动工业发展。第一个目标主要是政治方面的，即要在淮河流域经济混乱引起的反对声中获得潜在的政治资本。第二个目标旨在促进建设现代水利设施，比如水力发电以及现代运输，为国民政府实现工业发展的目标服务。

导淮委员会制定这些目标不久便再一次印证了淮河流域面临的严峻形势。1931 年，长江和淮河发生特大水灾，将国民政府的首都南京围成一个汪洋中的孤岛，成为中国数百年来最严重的自然灾害。这一灾害带来的社会影响和经济影响都十分严重，数百万人死于洪水或随后爆发的流行病（霍乱、伤寒），卖妻卖女屡见不鲜，当地居民在向政府的报告中详细描述了溺婴和人吃人的惨象。然而，从某种程度上说，这次水灾对政府来说也是一个契机，因为政府可以把中央领导的抗灾作为集中管理一直抗拒国民政府统治的淮河、长江流域地区的手段。

由于应对水灾的紧急需要，国民政府扩大了导淮委员会的管理职能。委员会的工作主要集中于三个方面，即机构建设（招募人才、制定总体目标）、政策规划（或绘制工程蓝图）以及项目实施。

分析这些进展情况，可以得出两个结论。其一，导淮委员会的体制建设和政策导向表明，这个中央集权的、现代化的管理机构重视技术、工业和国际合作，这从该机构招募的技术专家中可以看出来。新招募的专家来自中国日益重视科学的高等教育领域，他们受过现代水利工程培训，在制定治淮政策上有很大的发言权。治理淮河的工程计划不仅以防洪为前提，而且致力于水力发电和现代运输，以促进工业发展。

1933 年，为加强对淮河的集中管理，导淮委员会被纳入一个权力更大的政府部门，协调淮河治理项目的资源分配。这个权力更大的政府部门是全国经济委员会，这种做法反映了 20 世纪 30 年代经济大萧条时期全世界机构整合的趋势。国民政府还寻求国外合作伙伴,体现了国际化的趋势。在淮河治理的很多方面,导淮委员会争取国际联盟的技术援助。而且,工程人员制定的计划以凸显河道管理的最新进展为前提,而最为清晰地体现了国际河道管理最新进展的,可能要数美国的田纳西河流域治理工程(Tennessee Valley Authority)。① 的确,田纳西河流域治理工程为导淮委员会的很多工程师提供了河道管理的完美样板。

xviii　　其二,从导淮委员会的演变历史来看,一些省级和地方政府出于自身利益考虑,强烈反对治淮政策的实施。在实施工程项目的过程中,导淮委员会由于征用劳力以及管理工人的能力不足,不能很好地协调各地方官员进行合作,因此治淮工程受到多方掣肘。在整个 20 世纪 30 年代,中央和地方的讨价还价表明,仍有很多因素制约着国民政府的行政权威。

本研究的目的是为了更加全面地了解国民政府时期的国家建设情况。总的来说,以往的学者对国民政府这一时期的研究仅以国家建设的得失为评价标准,得出了过于简单化的结论。这些研究受政治论争的影响很大,这些影响不仅来自台湾海峡两岸,还来自欧洲和美国。过去十来年,专家学者开始对国民政府统治时期进行更加全面的研究。② 我之所以开展这个课题的研究,一个重要的原因是中国台湾和大陆的档案资料陆续开放,本研究主要基于这些开放的档案资料。本书第三章、第四章、第五章关于导淮委员会的机构变迁和政策发展,主要基于南京的中国第二历史档案馆和台北的中央研究院近代史研究所的资料。第六章讨论的导淮入海工程,主要是根据保存在江苏档案馆的江苏省导淮入海工程处的大量文献进行的。

---

① 当前的一个办法是水利综合治理,水利建设要满足防洪、灌溉、发电和娱乐的需要。
② 两项知名的研究成果是:威廉·C.柯比(William C. Kirby):《德国和中华民国》,斯坦福:斯坦福大学出版社,1984 年;白德基(Robert Bedeski):《现代中国的国家建设:抗战以前的国民党》,伯克利:加州大学伯克利分校中国研究中心,1981 年。

　　本研究的一个更大目标是把国民政府国家建设的历史置于整个 20 世纪中国发展和变革的大背景之下。此前的研究多是把国民政府时期看做一个孤立的历史阶段,实际上,现代技术的引进、技术专家的成长、工业和农业的关系、机构设置的框架、政策制定的导向,甚至人口大规模迁移的措施,都是 20 世纪中国历史连续体中的要素,国民政府时期是历史发展长卷中的一页。

第一部分

淮河流域：
从大禹到 1927 年的政治、
社会和环境变迁

　淮河流域巨大的环境变迁和人类活动有着密切的关系,贯穿南北的大运河最终影响了淮河的东西流向。淮河水系还和黄河水系的变迁有着密切的关系。在整个中华帝国的历史长河中,黄河的几次改道对淮河产生了直接的影响。黄河的变迁也和人类活动有一定的关系,主要是农业的过度发展以及发生政治冲突时对黄河堤岸的肆意破坏。

　这一部分的两章内容主要分析环境、社会和经济发展对淮河产生的影响,探讨国民政府重点控制淮河、黄河和大运河这些重大水利工程,并对其进行有效管理的能力。淮河、黄河和大运河都在现在的江苏省和安徽省交汇处。国家能力、国家的水利建设重点和水利管理方略以及所采用的技术,虽然在中华帝国的不同时期有所变化,但这一切都形成了淮河治理的基本经验,由此可以看出国民政府时期淮河水利治理工程对历史经验的借鉴和(或)改变。

第一章 公元前 200—1855 年淮河流域的 环境变化

在过去的 2000 年里,淮河流域发生了翻天覆地的变化。通过农业发展和国家政策,人们改变了淮河流域的水利、经济和社会条件,这些改变既给居住在淮河流域的人们带来了益处,也带来了不利影响。中华帝国初期(公元前 200 年),稳定的水利条件孕育了早期中华文明核心地区经济、社会的稳定和繁荣,然而,到了明朝末年(公元 1600 年),生态恶化悄然发生,导致了 20 世纪初期淮河流域的贫困。

发生这些变化的时期可大致分为三个阶段:① 公元 1200 年之前;② 1200—1855 年;③ 1855 年以后。从长远来看,淮河流域的变化是渐进的,但是我们这里做的时间分期却不是随意的,每一阶段都有显著的环境变化为标志,而且在每一阶段,国家都采取相应的措施应对环境变化带来的问题。

繁荣和衰落探源:公元 1200 年前的淮河

"淮"用来指北边黄河和南边长江之间的河,这个字最早出现在大约 3000 年前的商代(公元前 1500 年)甲骨文中。后来,被誉为中国最早的地理书籍、成书于春秋时期的《禹贡》记载:导淮自桐柏(位于今河南),东

4　会于泗、沂，东入于海。关于淮河更详细也是最直接的信息来源是汉代司马迁(公元前145—前90年)的《史记》。在《史记》中，大禹是中国第一个朝代的创立者，他以疏导淮河、黄河、长江、渭河而闻名天下。淮河、黄河、长江和渭河一般统称为"四渎"①，中华帝国时代大多数历史学家都把淮河、黄河、长江和渭河四大水系的治理疏通归功于大禹。② 传说在中华文明起源的神话中占据重要地位，根据传说，大禹疏通河道，还挖掘了四大盆地，从而将中土平原的水排干。总的来说，大禹治水为中华文明摇篮的发展做出了贡献。大禹治水的神话不仅为中华帝国崇尚农业奠定了基础，而且还激发、感召了中华民族世世代代治水不已。③

那些称颂中国早期治水功绩的历史著作详细描绘了水系的走向。就淮河而言，自从有记载的历史以来，淮河流经的地区发生了几次重大的变迁。然而，与蜿蜒曲折的黄河相比，淮河的河道在岁月的侵蚀中还是保持了相对的稳定，主要原因是淮河携带的泥沙要比黄河少得多。淮河起源于河南桐柏山麓，流经安徽、江苏，然后汇入黄海。总起来说，淮河流经的地区地势相对平坦，这也与黄河形成了鲜明的对照。黄河流经陕西黄土高原，挟裹泥沙而下，缓慢流向地势较低的华东地区。数百年来，黄河泥沙不断淤积，抬高了河床，由于河水顺势而下，东奔入海，因此黄河河道不断发生周期性的改变。尽管目前还没有充分的科学依据，但黄河改道有可能是农业发展和周期性的有意破坏共同造成的，中国历史上不乏把黄河大堤用做军事目的的例子。④

大禹治水后的数百年里，中国的"四渎"鲜有河水泛滥，直到汉朝(公

---

① 在中国典籍中，四渎一般指长江、黄河、淮河、济水。《尔雅·释水》："江、河、淮、济为四渎。"——译者注
② 关于中国古代文献中淮河的简要情况，参见王祖烈《淮河流域治理综述》，蚌埠：水利电力部治淮委员会，1987年。
③ 关于大禹，参见约瑟夫·列文森和弗朗兹·舒尔曼，第4—5页。
④ 参见周魁一《社会进步对洪水灾害影响的历史研究》，收入《江淮水利史论文集》，北京：中国水利学会水利史研究会，1993年，第1—15页。

元前 221—公元 220 年)末年,才出现关于洪水的记载。公元 58 年,淮河在安徽省爆发洪水。大约 100 年后的公元 132 年,黄河发生第一次特大洪水,流进淮河流域,这一事件也被记录在案。[①] 洪水泛滥的结果导致汉朝不断采取新的治水措施,建安时期(196—220),在江苏境内的淮河流域,开始使用大堤防洪。不断增多的关于洪水泛滥以及防洪设施的记载,反映了淮河流域的农业发展情况以及该地区政治的重要性。这一时期,影响淮河流域农业和政治发展的两个主要因素是河道运输和河水灌溉。

图 1.1 中国河流示意图(当代)[②]

---

① 黄丽生:《淮河流域的水利事业》,国立台湾师范大学历史研究所硕士论文,1986 年,第 56 页。
② 该图转自范力沛《长江:自然、历史和河流》,斯坦福:斯坦福校友会,1988 年,第 9 页。

在春秋战国时期(公元前 770—前 220 年),很多封建诸侯在黄河以及淮河流域建立自己的诸侯国。一些诸侯大国为了运输军队和粮草,纷纷开挖运河。这些运河中较大的有鸿沟和邗沟,前者将黄河与淮河连为一体,后者将淮河与长江连接贯通。除了作为交通要道外,这些运河以及淮河、黄河还直接服务于政治斗争,最普遍的做法是破坏河堤,利用河堤决口引发的洪水来攻击或防御敌军。

秦汉统一后,水利灌溉体系的发展加速了农业的发展。这一发展可以追溯到战国时期,那个时候,井田制逐渐瓦解,出现了一人拥有大片土地的情形,使得大型水利灌溉工程可以发挥更大的作用。[1] 战国时期淮河流域首先建造了中国最早的大型水利灌溉工程(期思陂和芍陂)。农业的不断发展反过来又促进了兴建更大规模的运河,从长江流域向北方都城运送农业产品的需求,也加速了水利工程的发展。

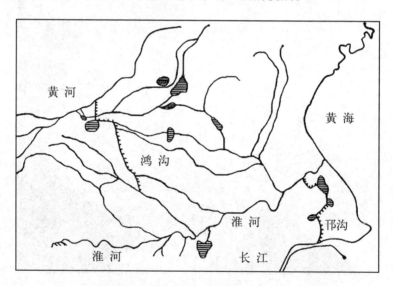

图 1.2　春秋战国时期淮河水系示意图(公元前 500 年)[2]

---

① 黄丽生:《淮河流域的水利事业》,第 60 页。

② 该图转自水利部淮河水利委员会《淮河水利简史》,北京:水利电力出版社,1990 年,第40 页。

春秋时期,对河道工程的治理与开发开始和政治因素紧密结合在一起,这种结合的重要性是两方面的,并促成了淮河流域水利工程发展的模式。首先,运河的运输和灌溉与国家实力的增长变得密切相关。战乱背景下发展起来的运河航运是为政治权力的形成服务的。运河灌溉维持了农业发展,农业发展反过来又扩大了政权的税收。因此,水的重要性产生了创建水利管理机构的需求,通过建立水利管理机构,可以开发和维护运河以及灌溉系统。到了汉朝,就建立了相应的水利行政管理机构。朝廷设立都水一职,为太常属官①,主要负责全国河道管理的规划和协调。同时,赋予地方政府工夫征用和工程建设的职责。② 汉朝及汉朝以后的朝代,水利行政管理的主要挑战是如何协调中央和地方的关系。

中华帝国初期,朝廷就不断地被迫解决连接淮河和黄河两大水系的水利灌溉工程所带来的问题。鸿沟是连接黄河与淮河两大水系的人工运河,到了汉朝,鸿沟开始出现淤泥,河堤也受到损害,对淮河的治理产生威胁。③ 这可能是帝国时期水管理循环的第一个怪圈,即过度依赖水道发展带来水利条件的破坏,进而导致不得不付出巨大的物力、人力来恢复水道的功能。在这种情况下,维持漕运和灌溉要取决于朝廷组织实施大规模工程的能力。

尽管开挖运河和过度发展农业从长远角度看终将带来灾难,但在当时却促进了淮河流域的繁荣。运河和水利灌溉工程越多,意味着农业生产率越高。历史典籍记录了淮河下游的丰饶和富足。司马迁有"饭稻羹鱼"的记载,描述这一地区鱼蚌富饶,盛产稻米。唐朝诗人高适(706—

----

① 此处英文是 Ministry of Pubic Works,一般翻译成"工部",是隋唐时期设立的,但作者却说汉朝就有了。此处翻译时略作改动。——译者注
② 关于汉朝的水利情况,参见查尔斯·格瑞尔《中国黄河流域的水》,奥斯汀:德克萨斯大学出版社,1979 年,第 13 页和 34 页。
③ 黄丽生,第 72—74 页。

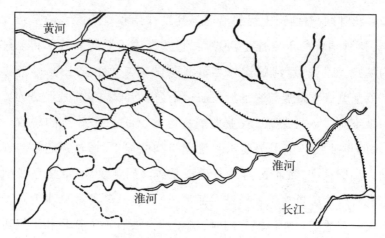

图 1.3 北宋时期的运河示意图(公元 1000 年)①

765)盛赞该地区四季安泰祥和,人民生活富足。② 运河两岸,商业兴起,成为贸易和集市中心。③ 今天的江苏省淮阴市就见证了当时的繁荣景象,这座城市位于大运河和陆路交通要道的交汇处,又处于一个重要的水利灌溉区。早在"九州"时期(公元前 500 年),漕粮就是通过淮河和泗水运输的。这些河道在淮阴交汇,淮阴还是连接淮河与长江的邗沟的北端。另外,还有一条陆路主干道将淮阴和南面的重要城市扬州连接起来。由于漕运便利,周围地区物产丰富,淮阴逐步繁荣起来。宋朝大学士苏轼(1037—1101)曾称颂淮阴地区的柑橘、鱼虾、稻米的富饶,有谚云:"走千走万,不如淮河两岸"。④

这些运河和水利灌溉工程孕育了淮河下游的繁荣,然而,也带来了长远的负面影响。这些负面影响要在几百年后才能显现出来,不过在汉朝就已经有征兆出现,那时,黄河和淮河两大流域逐渐融为一体,导致淮

---

① 该图转自水利部淮河水利委员会《淮河水利简史》,第122页。
② 关于这一时期淮河流域的繁荣景象,参见荀德麟《论黄淮水患对淮阴的改造》,收入《江淮水利史论文集》,北京:中国水利学会水利史研究会,1993年,第33—37页。
③ 黄丽生,第65页。
④ 荀德麟,第33页。(译者说明:"走千走万,不如淮河两岸"本是民谚,但作者却说是苏轼的诗句。翻译时略作改动。)

河流域的泥沙越积越多。①

决口以后:1200—1855 年之间的淮河流域

由于过度开发和政治动荡,11 世纪到 12 世纪,黄河发生了巨大的变化。如前所述,此前的几百年,中国强调发展灌溉和漕运。在隋唐时期(581—900),朝廷越来越依赖淮河、长江流域兴旺的农业。隋朝初年,大运河的主体工程已经完成。在随后的几百年里,由于粮食漕运对维护帝国统治至关重要,大运河受到朝廷的高度重视,朝廷每年都会命令朝中官员同运河附近的官员、百姓定期清理运河。② 不过,黄河却被大大忽略了,尽管黄河的河床由于泥沙淤积而不断抬高。

在五代(907—960)和宋朝(960—1279)时期的社会动荡中,控制河道成为关键的战略考虑③,促使黄河发生重大变化的原因之一是把它用做军事武器。1128 年,南宋军队扒开黄河大堤,阻止金兵南下。黄河水沿河床汹涌而下,奔向淮河。在整个 12 世纪,黄河和淮河地区成为金、宋两军的主要战场。根据很多中国学者关于河道治理的著述,还有一次对黄河改道发生重大影响的事件,这就是 1194 年金兵扒开黄河南岸,企图剿灭南宋军队。1194 年以后,黄河改道南流,夺淮入海,形成此后 700 年间的新河道。④

随着 12 世纪黄河的改道南流,淮河流域的命运开始逐渐发生变化。

---

① 景存义:《洪泽湖的形成与变迁》,收入《淮河水利史论文集》,北京:水利电力部淮河委员会,1987 年,第 110 页。

② 黄丽生,第 67 页。

③ 王祖烈:《淮河流域治理综述》,北京,水利电力部治淮委员会,1987 年,第 6 页。

④ 关于南宋时期黄河大堤毁坏情况,参见胡焕庸《淮河的改造》,上海:新知识出版社,1954 年,第 35 页;另见黄丽生,第 58 页。

9

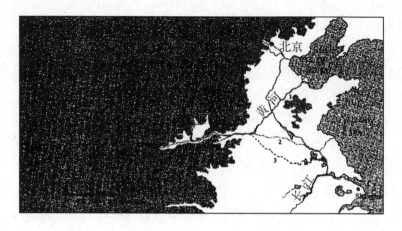

图中的 1 表示 1194 之前和 1855 年之后的河道,2 表示 1194—1855 年之间的河道,
3 表示 1938—1947 年之间的河道。

图 1.4　黄河河道变化示意图(1194—1937 年)①

　黄河是通过淮河的几个支流进入淮河水系的。元代末年的 1367 年
以前,洪涝灾害很少,说明黄河入淮最初形成的水系格局保持了相对的
稳定。② 元朝积极维护这一水系的稳定性,沿黄河北岸构筑了防护大堤,
加固新形成的黄河南道。元朝建都北京,为了实现南方漕粮的北运,元
朝完成了大运河工程。防止黄河北岸堤坝决口的唯一目的,就是保护大
运河,这一政策成为推动该地区水利状况变化的主要因素。

　　从元朝末年到明朝中叶(1350—1500),这一新水系带来的影响开始
在淮河下游显现。为了保护黄河北面的大运河,当时的朝廷于 1493 年
沿黄河北岸修建了长达 1,000 米的泰兴大堤。③ 修建这一大堤的目的是
防止黄河水北犯,同时进一步加固黄河南流入淮的河道。从这一点来
看,黄河在淮阴全面夺淮。因此,淮阴城成为该地区的三条主要河
道——黄河、淮河和大运河的交汇点。

---

① 该图转自范力沛,第 71 页。

② 王祖烈,第 8 页。

③ 吴若冰、范成泰:《淮河下游的洪涝灾害对策讨论》,收入《江淮水利史论文集》,北京:中国水
　利学会水利史研究会,1993 年,第 16 页。

随着夹携泥沙的黄河水全面南流,原来的淮河河道上,黄淮合流,从淮阴顺流而下,河床逐渐抬高。其结果是,淮河水由于流速低,再加上受逐渐抬高的河床的影响,不能利用原来的河道全部入海,从而造成了淮河水在淮阴西边低洼地区的堵塞,逐渐形成一个庞大的沼泽盆地,最终成为现今的洪泽湖。

10

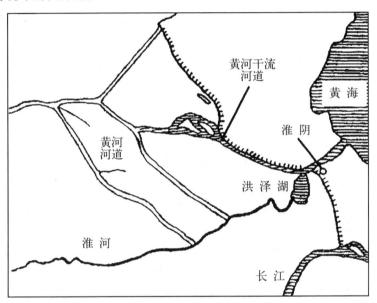

图 1.5　黄河夺淮示意图(公元 1400 年)①

由于位于三条河道的交汇处,淮阴处于综合水利枢纽的位置(见图1.5)。自淮阴入海的河道河床不断抬高,不仅阻碍了淮河水的东流,还由于黄河水位高,导致了黄河倒灌,流入淮河、洪泽湖和大运河。这种局面带来的长期影响是两方面的:其一,日益抬高的洪泽湖湖床进一步加剧了淮河水流经的复杂性;其二,淮阴附近大运河日益堆积的泥沙抬高了大运河的河床,从而经常引起河运受阻。受此影响,出现了一个奇怪的现象。源于长江的大运河本来是向北流的,但由于河床坡度增高而改

---

① 该图转自李培红《明代黄淮运关系的对策》,收入《淮河水利史论文集》,北京:水利电力部淮河委员会,1987 年,第 118 页。

变了流向。在淮河和黄河的丰水期,洪涝灾害时常发生。随着淮河排水
能力的降低,淮河水冲破洪泽湖堤坝,灌入附近的大运河。结果是,大运
河堤坝决口,河水流进江苏中部里下地区。[1] 由于这一地区没有天然河
道,泛滥的洪水进入农业平原地区。当地农民别无他法,只有依靠自然
蒸发和土壤渗透,结果造成严重的土地盐碱化。

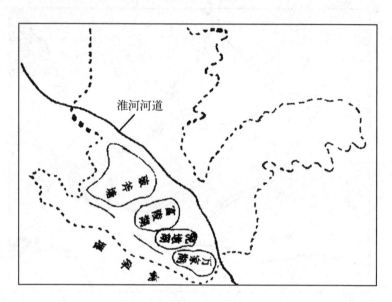

淮河河道

虚线标出的是现今洪泽湖的位置

图 1.6 洪泽湖演变示意图[2]

元朝时期和明朝初年,由于忽视了对淮河和黄河的水资源保护,大
运河的漕运能力开始受到影响。因此,明朝朝廷在 15 世纪中期启动大
型淮河和黄河保护工程。整个明朝(和清朝)时期,黄河、淮河和大运河
水利系统的治理在两个策略之间转换:① 分黄导淮;② 束水攻沙。第二
个策略是通过增加堤坝高度,提高洪泽湖的水库蓄水能力,把洪泽湖水

---

[1] 郑肇经:《前苏北水利史的问题》,收入《淮河水利史论文集》,北京:水利电力部淮河委员会,
1987 年,第 26 页。
[2] 该图转自景存义《洪泽湖的形成与变迁》,第 109 页。

位抬高到淮河、黄河交汇处的河床之上,利用快速流入河床的湖水将泥沙冲刷,使之东入黄海,达到"蓄清刷黄"的效果。尽管采取了这些不同的措施,但都要服从于保护漕运的目的。[1]

16世纪末实施的分黄导淮策略主要是从淮阴的上游地区开挖疏浚河道,兴建泄洪闸,分杀黄流以纵淮。黄河水是淮阴北面大运河的一个水源,"分流"策略本来是要减少淮阴上游堤坝决口的危险,但却造成了大运河的黄河水源的流失。这一策略不是基于技术或体制的创新提出来的,而是借鉴了大禹治水"分九江"的办法。[2] 但是,大禹的这一思想显然已经陈旧过时,因为所采取的措施没有能够解决泥沙淤积的问题。黄河决口越来越频繁,淮河水不断地流入洪泽湖,堤坝继续决口,大运河依然处于危险境地。16世纪中期,由于堤坝决口,淮河水开始迂回南流,形成一个新的河道,注入长江。

16世纪后期,朝廷任命地方官潘季驯为河道总督。为确保漕运,潘季驯在1565—1592年期间,四次总理河道。[3] 潘季驯面临的问题和以前是一样的。在他第一次出任河道总督的时候,黄河大堤决口,漕运中断。由于自淮阴以下的淮河河道被夺,淮河水灌入洪泽湖,蓄水量的不断增加给洪泽湖的堤坝带来很大压力。结果是洪泽湖和大运河的堤坝决口,最终引起洪水泛滥。根据朝廷保护漕运的命令,潘季驯采取了用更快的水流冲刷泥沙的办法,从而形成了明朝及明朝以后治理、保护淮河的第二个策略(束水攻沙)。潘季驯的目的是"塞旁决以挽正流",密集构筑大坝,将从决口旁出的河水堵住,使河水集中到干流中来。出于同一目的,潘季驯还在黄河与淮河交汇的淮阴,加高、加厚洪泽湖大堤,提高蓄水能力。由于洪泽湖水位高,因此不含泥沙的淮河水能够高速流入淮阴,将

12

---

[1] 见黄丽生,第58—59页。
[2] 参见兰达尔·A.道金《水利变迁与朝代衰落:黄河水利,1796—1855》,《晚期中华帝国》,第12卷,第2期(1991年12月),第40—41页。
[3] 关于潘季驯的生平,见黄仁宇,收入《明代名人传》,纽约:哥伦比亚出版社,1976年,第2卷,第1107—1115页。

黄河泥沙冲刷入海,同时为大运河提供稳定的水源。①

虽然潘季驯在中国治水专家中占有重要地位,但也只是在第三次出任河道总督时才实施其治河计划。潘季驯的河道总督一职多次被明王朝罢免,原因是朝廷河道管理职能分散,河道治理意见不一,管理淮河、黄河和大运河的职能由河道总督、漕运总督和工部尚书以及负责提供河工的地方官员共同承担。明王朝河道治理政策的宗旨是保护漕运,但实现这一目标却有不同的办法。不同的部门提出不同的解决方案,哪个部门能在朝廷获得支持,哪个部门就能决定河道治理的方案。在明朝,管理机构和官僚人事变动不居,因此潘季驯的河道总督一职也就几度沉浮。

关于"分黄导淮"和"束水攻沙"这两个主要治河策略的争论,体现着哲学道义的不同,这个争论可以看做"儒家方法"和"道家方法"的争论,"儒家方法"强调通过人的力量(比如开挖河道,分流河水)治理黄河,"道家方法"则强调利用清水的自然力量(比如借用水的自然力量冲刷淤泥)。② 尽管这些哲学道义上的辩争在不同的治河方略中都可能发挥重要作用,但判断评价任何一个治河方案的标准都是明确、固定的,这就是能够保证运河漕粮。在淮河治理上,明朝还有一个保护祖陵的命令。明祖陵位于安徽泗州,在洪泽湖西边,洪泽湖的不断扩大对明祖陵构成了威胁。

潘季驯于 1570 年第二次出任河道总督,在这一任上,他几乎堵住了黄河上所有的决口,加大了流向淮阴的黄河水的流速。这一措施很成功,恢复了大运河的漕运。然而,此后不久,工部尚书弹劾潘季驯,指责他在工程期间大大减少了漕运。潘季驯因而被革职。1572 年,明朝廷放

---

① 关于潘季驯治河的详细情况,参见爱德华·维梅尔《16 世纪末潘季驯解决黄河问题的办法》,《通报》第 70 卷,第 3 期(1987 年),第 33—67 页;另见郑肇经《前苏北水利史的问题》,收入《淮河水利史论文集》,北京:水利电力部淮河委员会,1987 年,第 25—26 页;王祖烈,第 10—11 页;黄丽生,第 58—59 页。
② 吴若冰、范成泰,第 17 页。

弃运河漕运,开始从海上运输漕粮。漕粮海运效率低下,而且充满了风险。因此,潘季驯于 1578 年复职,再度启动运河漕运。潘季驯这次被朝廷同时加封工部左侍郎,有了更大的管理权,但地方官员和朝中大臣提出了不同的治河建议。直隶巡抚希望开挖一条新的黄河河道,漕运总督想针对黄河、淮河开挖不同的河道。潘季驯多方寻求支持,否决了这两个建议,提出了维持现有水道并提高水道冲刷能力的思路。潘季驯组织疏浚河道,在黄河下游构筑长堤,加长、加固淮河和洪泽湖堤坝,确保没有泥沙的淮河水不断持续地、大量地流向清口,同时,他还在洪泽湖大堤上兴建溢流坝,以便能够有控制地排洪。[①]

潘季驯治理淮河几年后,淮河河道趋于稳定,采取的"塞旁决以挽正流"的措施加深了河道,保证了大运河的畅通。这一时期,百姓安居乐业,农业五谷丰登。[②] 但是反对潘季驯治河策略的人认为,淮河水少,力量弱,不能有效地冲刷淤泥。而且,反对派一针见血地指出,洪泽湖东岸的高坝迫使湖水西漫,对明祖陵产生威胁。潘季驯再次被解职。

1588 年,潘季驯第四次出任河道总督,他继续改进最初提出的"塞旁决以挽正流"策略。但是,1589—1591 年发生的严重洪涝破坏了明祖陵的风水,潘季驯再一次被免职。两年后,洪泽湖东岸的高家堰决口,导致淮河水南流,进入长江,而高家堰是潘季驯实施抬高湖水计划的关键水利设施。[③]

明朝和潘季驯治理淮河、黄河的努力体现出几点共识。首先,河道管理的前提是保障漕运,因此,河道官员比如潘季驯等治理河道的选择方案就受到限制。在这样的背景下,"分黄导淮"和"束水攻沙"这两种治理策略都受到技术条件的制约。潘季驯 1578 年第三次出任河道总督

---

① 关于潘季驯的生平和治水的详细情况,见爱德华·维梅尔《16 世纪末潘季驯解决黄河问题的办法》,第 33—62 页。
② 吴若冰、范成泰,第 19 页。
③ 爱德华·维梅尔,第 59—60 页。

时,提出了有可能实现治河突破的建议,他的整体建议中包括在黄河上游进行蓄水,从而在洪涝季节调整水流。然而,这些建议不知由于什么原因没有被采纳。一个可能的解释是朝廷中水利管理职能分散。作为河道总督,潘季驯能够寻求足够的支持实施其治河计划,但是漕运总督、工部和地方官员也有足够的力量有效地反对潘季驯的治河建议。这种行政管理的分散可能有助于解释潘季驯蓄水建议搁浅的原因。明朝在各个方面通常被认为是高度集权的,但在河道治理方面却不够集权。直到更加集权的清朝时期,才建立了专职的中央水利管理机构"河道总督"。

清政府(1644—1911)对淮河下游的水利问题重新给予关注。由于认识到维持有效漕运的重要性,康熙皇帝(1662—1722 年在位)和乾隆皇帝(1736—1795 年在位)几次南巡,察看河道治理情况。[1] 清朝时期,淮河和黄河发生洪涝灾害,使得洪泽湖决堤,淹没了 30 多个地区。[2] 此后,靳辅于 1677 年出任河道总督。靳辅沿用潘季驯的治河方案,采取的是"塞旁决以挽正流"的措施,堵塞河堤决口,高筑洪泽湖堤防,确保河水冲刷黄河河床的泥沙。靳辅还组织修建了溢流减水坝,主要是在湖水水位升高时,将湖水泄往附近的平原地带。尽管靳辅的治河方略主要继承了"束水攻沙"的思想,但他还试图疏通、加固河道,引部分淮河水南流,进入长江(经由洪泽湖和大运河)。[3]

15　　靳辅的治河工作与一个世纪以前的潘季驯有着同样的结果,那就是:成效显著,但是短命。同过去一样,治沙的关键是淮河的蓄水池洪泽湖。由于黄河的河床泥沙淤积,实施"束水攻沙"就必然要加高洪泽湖的

---

① 王祖烈,第 11 页。

② 郑肇经,第 26—27 页。

③ 靳辅的目标是 30%的淮水经运河(最终注入长江),70%的淮水在清口进入黄河。关于靳辅治河措施的详细情况,见查尔斯·戴维斯·詹姆森《安徽、江苏以及长江以北地区的河、湖和土地保护》,《远东评论》,第 9 卷,第 6 期(1912 年 11 月),第 250 页;另见王祖烈,第 11—12 页;郑肇经,第 25—26 页;兰达尔·道金,第 41—42 页。

堤坝,从而确保湖水水位高于黄河水水位。在这样的情况下,洪泽湖的湖水才能以一定的速度流入黄河,并将黄河泥沙冲刷入海。随着洪泽湖堤坝的不断增高,洪泽湖湖面不断扩大。到了 18 世纪后期,洪泽湖西岸的明祖陵就被完全淹没了。①

19 世纪,淮河下游苏北地区的水利形势十分严峻。由于淮河水不断流入洪泽湖,导致洪泽湖的堤坝不断加高,洪涝灾害难以避免。即便洪泽湖的堤坝在多雨的夏季没有决口,人们也会掘开沿堤修建的泄洪口,把部分洪泽湖的水泄到相邻的里下平原地区。明朝初期以来在洪泽湖南端逐渐形成的泄淮口,抬高了附近几个小湖的湖床(如高邮湖、宝应湖),因为淮河水是迂回进入长江的。此外,由于黄河夺淮入海和泥沙淤积逐渐导致的河床抬高,淮河以前的支流(如沂河、沭河)不能有效地排干,导致周期性的洪水爆发。

淮河流域的水利变迁使得曾经繁荣的农业经济发生了巨大的变化。1400—1900 年,淮河流域发生大型洪涝 350 次,小型洪灾不计其数。②频繁的洪涝灾害导致大片农田被沙砾覆盖。在涟水,良田上的泥沙有 7—8 米厚。宿迁东面,5 米厚的泥沙随处可见。而且,由于长时间的洪水淹没,农田逐渐盐碱化。清朝时期,涟水县的一个官员曾回忆该地区稻米香、鱼虾肥的富足景象,但是现在该地区“大片土地盐碱化,成为草茅不生的赤地”③。淮河流域先是洪涝,继而杂草丛生,然后成为蝗虫泛滥的温床,这种灾害循环往复,周期越来越短。这种现象反映在文化上,是当地建造了数量可观的水神庙和蜡八庙(即蚂蚱庙),主要是祭祀水神和蝗虫神。这些庙的数量远高于其他种类的庙。④

淮河下游生态恶化对社会、经济带来的长期影响是人口减少和土地

---

① 爱德华·维梅尔,第 66 页。
② 大型洪涝的定义,主要是指对一个县以上的地区造成灾害的洪水。
③ 关于淮河流域长期水利变迁对经济的影响以及清朝官员的观察,见荀德麟,第 34—36 页。
④ 荀德麟,第 35 页。

集中。一般来说，明清时期的农民不管是否有种地能力，都要缴纳土地税。发生洪涝和灾荒的年份，朝廷有时会减免农民的土地税，但只是在灾害特别严重的时候才这样做，对于长期受灾的地区，则不予减免。也就是说，一般遭受水灾的地区或经常发生水灾的地区，也要缴纳土地税。清朝顺治年间(1644—1662)，泗州知州这样写道："泗州为瘠土，久罹昏垫，灾黎日就逃亡。……计实抛荒无主田地一千二百五十八顷四十八亩五分二厘，永沉水底田块一千一百一十七顷四十一亩八分……逃亡人丁五千九百四十二丁。"由于被抛弃的田地也要缴税，地主必须缴纳人头税，因此，所有的土地税都落到了那些没有逃离的农民身上。

清朝对河工的需求也加速了人口的减少。由于淮河流域的河道治理对于漕运至关重要，因此这一地区的徭役要比其他地区重得多。据清河县志记载，嘉庆统治时期的一个月内，就需要在 4,000 个不同的地方征募劳工。洪涝带来的日益严重的土地恶化，加上沉重的徭役，逼得很多农民"相率泥门而逃"[1]。通过明朝的人口统计数据，可以看出当时人口减少的情况。1512 年，苏北六县有 68,818 户 558,316 人。而到了一个世纪后的 1624 年，这些地区只有 49,445 户 384,236 人。[2]

淮河流域的人口减少导致土地大规模集中。清朝中期，淮河流域的地主拥有几百甚至几千顷土地。在沭阳县，该县的四个地主每人拥有几百顷土地。道光年间(1821—1850)，有一个地主的土地达到 500 顷。随着清朝打破盐业垄断的"纲盐改票"改革，越来越多的个人成为盐商。淮河流域有一家盐商用贩盐的收入购置了 1,600 多顷地，成为"江苏第一家"[3]。

除了经济外，淮河流域受影响的还有文化和教育。在元末和明朝时期，苏北出了一大批卓有成就的文化名人。《水浒传》的作者施耐庵是兴

---

[1] 荀德麟，第 35 页。
[2] 这六个县组成淮安府，分别是山阳、清河、桃源、安东、沭阳和宿迁。见荀德麟，第 35 页。
[3] 荀德麟，第 35 页。

化人,《西游记》的作者吴承恩是淮安人。在清朝,吴敬梓(《儒林外史》的作者)、李汝珍(《镜花缘》的作者)、阎若璩(清代儒学大师)都生活在淮河下游地区。[①] 然而,淮河流域的整个文化环境却衰落了。这一地区有成就的文化名人绝大多数都集中在大运河边上的淮阴和淮安,大运河的商业繁荣将这两个地方和日益贫困的淮河流域隔离开来。在明清两代,山阳县(淮阴)出了 200 名进士 600 名举人,比苏北所有县的进士和举人加起来还多。在淮安,还有一个有趣的现象,就是很多名人是从全国其他地区迁过来的。阎若璩祖籍太原,周恩来祖籍绍兴。由于大运河是南北交通要道,因此很多商人和官员迁居于此,从而造就了一大批取得卓越文化成就和教育成就的人才。然而,到了清朝初年,在淮阴和淮安等苏北地区,这样的名人就寥寥无几了。这与江南形成了鲜明的对照,江南逐渐获得经济和文化上的优势,不仅淮河流域难望其项背,就是在整个中国,江南的经济和文化优势也十分明显。[②]

1855 年后的淮河流域

到了清末,由于黄河夺淮,淮河下游地区的水利状况和经济发展继续恶化。然而,黄河于 1855 年再次改道。黄河在河南决口,形成了在北部入海的河道(见图 1.4)。尽管黄河自此以后从山东半岛入海,但淮河的问题依然存在。黄河夺淮 700 年给苏北地区带来的泥沙淤积,已经永久地改变了淮河的水系。

大多数人都认为,黄河在开封决口是太平军或清军造成的,目的是阻止军队前进。不过,这种看法没有多少依据。恰恰相反,这次黄河决口极有可能是由于河南段黄河两岸农业的过度发展造成的。但是,黄河

[①] 关于淮河下游的文化成就,参见费孝通《中国农村发展》,芝加哥:芝加哥大学出版社,1989年,第 138 页。

[②] 费孝通,第 140 页;另见荀德麟,第 35—36 页。

决口的确给战争带来了影响,因为河水和淤泥阻止了清军从北面进入河南地区,武器弹药和军队行动阻隔了两年多。[1]

1855年以后,黄河主河道在山东穿过大运河,由此带来的影响是大运河航道受阻,失去了漕运的功能。漕粮河运因而停止,再次改为海运。尽管1865年清政府曾努力恢复了漕粮河运,但是由于漕粮渐渐改由银两代替,因此漕运便于1901年被清政府下令废除了。[2] 大运河对国家重要性的减弱意味着淮河受到清政府的关注也越来越少,河道总督于1856年被裁撤。随着1850年后运河漕运数量的减少,漕运总督的职能也逐渐弱化。1865年,通过大运河运输的漕粮只有1850年的十分之一。[3]

尽管黄河1855年以后再也没有流经淮河下游,但它已经对淮河造成了危害。淮河完全离开了原来的河道,唯一的入海方式是通过洪泽湖东南角的一个出口注入长江。洪泽湖的这一出口也是有问题的,每当洪泽湖因水位升高而决堤溃口时,整个里下地区就会一片汪洋。要改变这种状况,需要大型的水利工程,要么开挖原有的淮河河道(现在是干涸的),要么扩大长江入水口的通水能力。这些技术方案都是基于前人潘季驯和杨一魁的做法,并一直用于指导1949年前的淮河治理。

清政府撤销河道总督和漕运总督后,便不再关注淮河的治理问题。与此相反,地方政府出于本地利益,开始承担起治理淮河的责任,但是受资金和政治权力的制约,淮河治理困难重重。

小 结

中华帝国晚期淮河下游的社会、经济困境是1194年黄河夺淮直接造成的。尽管这一地区的农民通过种植早熟稻等技术创新手段以及祭

---

[1] 查尔斯·戴维斯·詹姆森,第252页。
[2] 胡昌度:《清代的黄河治理》,《远东季刊》,第14卷,第4期(1955年8月),第511—512页。
[3] 罗伯特·阿兰·哈克曼:《淮河流域的水利政治,1851—1911》,密歇根大学博士论文,1979年,第62页。

祀河神、蝗神等文化手段,努力适应环境条件的变化,但是依然不能挽救农业的凋敝和人口的减少。正如裴宜理(Elizabeth Perry)所指出的,淮河下游生存条件的恶化促成了从事盗匪活动的社会团体。的确,即便是在 19 世纪以前,淮河下游地区就有个人或集体揭竿而起举行起义的征兆,从汉朝的刘邦开始一直到清末的捻军起义。这一地区在 20 世纪也是盗匪肆虐,臭名远扬。[1]

　　淮河的命运和保漕运的政策直接联系在一起。服务于保漕运的淮河治理不仅不能进一步发展水利灌溉系统,甚至还要承受循环往复的洪涝带来的影响。不断增高的堤坝抬高了水位,一旦决堤溃口就会造成严重的洪涝灾害。换句话说,传统的治河方法已经遇到了瓶颈。直到 20 世纪,植树造林都没有成为治河的措施,所采用的方法一直是筑坝疏淤。由于劳动力富裕,所以在治河上没有考虑什么创新。黄河夺淮、朝廷保漕运的政策以及技术创新缺乏这几种因素,共同导致了淮河下游地区的社会和经济混乱。基于这些因素,中国的一位治河专家写道:"淮河水系是我国也是世界各大河流中变迁最剧烈、变化最大的一条河流。"[2]

---

① 参见裴宜理《华北的叛乱者与革命者,1845—1945》,斯坦福:斯坦福大学出版社,1986 年。
② 水利电力部淮河水利委员会:《淮河水利简史》,北京:水利出版社,1986 年,第 9 页。

第二章 1500—1927 年淮河的管理机构 和"导淮"措施

探讨淮河流域第三阶段的历史(1855—1927)之前,需要简要梳理一下明清时期淮河治理的管理体制。清末以前,淮河管理机构的演变和黄河以及淮河流域的发展密切相关,其中演变的关键是黄河 1855 年的向北改道。黄河离开淮河的改道使得清王朝撤除了对淮河治理的国家资助。此后,淮河治理主要由地方及相关省份负责,但由于地方利益的冲突,淮河治理成效甚微。民国初期(1911—1927),淮河治理面临着国家财政不稳和政治动荡的大环境,各方势力竞争激烈。不过,淮河治理理念的重大改变却发生在这一时期。淮河治理的目标不再是保漕运,所实施的淮河水利工程越来越和现代工业的发展联系起来。

伴随这一淮河治理理念变化的,还有一些其他方面的因素。西方水利科学的不断引进、国内工程培训机构的建立、受过专业培训的工程师队伍的扩大,以及外国资金的注入,都对中国水利管理环境的变化产生了积极影响,这些因素推动了中国在民国初期恢复了对淮河的治理。然而,政治动荡和财政困难却是淮河治理难以逾越的障碍。淮河治理举步维艰,在 20 世纪初的几十年间,淮河流域发生了多次前所未有的特大洪水,受到巨大的破坏。

中华帝国末期的淮河管理

　　清政府在其统治的大多数时期内都有一个中央管理机构,掌管黄河、大运河和淮河的堤防、疏浚等事务。清政府在清朝初年设置了"河道总督",设总河一职,并配备30名官员,均由朝廷任命。该机构设在济宁(山东),在地方上也设置了河道管理机构,由州同或知县负责。这些地方官员负责水利工程项目的实施,河道总督则主要负责水利工程的规划和协调。[①]　由于治水的目标是保漕运,因此河道总督在职务上要从属于漕运总督。河道总督的任务是防止淮河、黄河发生洪涝,确保大运河航道畅通。换句话说,河道总督的职责是不要让堤坝内的水流出来,并没有疏导洪水或水利灌溉的任务。

　　18世纪初,河道总督达到辉煌时期,康熙皇帝几次巡视淮河流域,任命靳辅为总河。靳辅严格遵循潘季驯的治河方略,组织实施大规模的水利工程项目,实行"束水攻沙",加高、加固洪泽湖的堤坝。由于这些工程主要是通过征召徭役完成的,因此国家财政的经济负担很小。尽管役夫是实施这些工程的基本力量,但是水利工程的实施依然发生了重要的演变,并对河道总督后来的治河工作产生了影响。

　　明朝以前,水利等公共工程是由征召徭役、军卒和雇工等不同方式完成的。疏浚河道、修筑堤坝、修建皇陵和宫殿的主要劳力是征召来的徭役。当时采用的是里甲制度,里长负责为附近的工程征募劳工。[②]　另外,河官负责河道的日常管理,在实施水利工程项目时,可以征募劳役。到了明朝中期和清朝初年,这一河工征用制度开始发生变化。随着里甲制度的瓦解和货币在经济活动中地位的增强,河工征召徭役制度逐步取

---

① 关于河道总督的机构情况,参见胡昌度《清朝的河道总督》,《远东评论》,第14卷,第4期(1955年8月),第507—508页。

② 关于元朝的劳工徭役办法,参见杨联陞《从经济角度看帝制中国的公共工程》,收入《汉学散策》,哈佛燕京学社研究系列,第24卷,麻省剑桥:哈佛大学出版社,1969年。

消,雇工开始成为河工的主要力量。这一演变过程有几个阶段。随着里
甲制度的衰微,出现了一种新的河工征用方式,即按田亩摊派出夫(过去
是以村为单位征用河夫)。根据谁受益谁出资的原则,劳工费用从治河
款项和地主田亩中支出。因此,地主便负责组织征用河夫(常常是其佃
25 户)。在明朝后期,按亩摊派出夫和采取里甲制度征召徭役这两种形式,
究竟哪个为主尽管目前尚没有定论,但可以肯定的是,雇工这种形式在
治河上已经出现了。

　　雇工制度可能起源于唐朝时期的出钱赎罪免刑。但是,明朝里甲制
度的演变也促进了雇夫制度的形成。在有些地区,由于里甲制度的衰微
和河官制度的发展,出现了一种"泥头"现象。河工劳力征用本来是根据
水利工程的受益和就近原则实行的,但是,有些地主不愿意或不能够提
供河夫,因此就拿钱赎免其河工任务。负责水利工程的朝廷命官用这些
钱雇用"泥头",然后由这些"泥头"去征用河工,河工的报酬根据从河里
挖出的土方计算。① 尽管这一时期就某一水利工程来说,很难确定徭役
和雇夫哪一种形式更重要,但徭役仍然是明朝和清朝初年实施水利工程
的主要力量,当然,徭役这种河工制度也发生了很多重大的变化。②

　　经济和社会变革使得河工形式发生了变化,最终导致河道总督管理
机构的重大改变。清朝初期,一些大型水利工程,比如洪泽湖堤坝加固
工程取得成功后,靳辅建立了固定的河工雇夫队伍,由河道总督管理,主
要是维护水利工程设施。从此以后,河道总督的体制结构发生了变化。
尽管水利工程的材料费和河工费,根据法令,需要从河道附近的土地附
加税中进行募集,但是一般的做法是朝廷承担所有的治河费用。③

　　18 世纪中期,河道总督的管理机构继续扩大,并一分为二,分别是东

---

① 关于河工征募的发展情况,参见黄丽生,第 184—195 页。治河工程中也使用河兵。清朝以
　前治河劳工的一般比例是河兵占 30%,河工占 70%。
② 在明清两朝,用钱赎罪也是允许的。
③ 罗伯特·阿兰·哈克曼:《淮河流域的水利政治,1851—1911》,密歇根大学博士论文,
　1979 年。

河和南河,其中东河的治所在开封,主要负责黄河上游河务;南河驻清江浦(淮阴附近),主要负责黄河下游以及淮河和大运河的河务。之所以设立两个河道总督,是因为治水任务越来越重,一个机构已经难以胜任。当时,河道总督这个机构已经很庞大,有正式官员400多人,临时雇工无数,河标2万多人,还有同等数量的劳工。[①]

    研究河道总督的学者普遍认为,机构臃肿和官员腐败导致了河道总督这一机构的效率低下,最终导致1855年的黄河改道。正如专家所指出的,清政府的独断专行、对变革和新思想的抵制、大批半官半绅的出现以及社会道德的滑坡,导致了对河道基本管理的忽视。更为严重的是,河道管理渎职现象竟然得到纵容。河道管理机构的低级官员任由河堤坍塌损坏,目的是向朝廷申请更多的银两,而申请到的银两都进了这些官员的腰包。[②] 然而,最近的研究对清朝1821—1850年河道总督的演变提出了新的观点。兰达尔·道金(Randall Dodgen)并不认为治河机构的工作效率是"中国封建统治活力标志的晴雨表",他提出,事实上,河道治理特别是道光年间的河道治理,是相当成功的。此后的发展影响了清朝对河流进行有效的治理,这是继承明朝治河传统的结果。特别是,由于延续了潘季驯和靳辅的修筑黄河堤防、"束水攻沙"的措施,治河官员为了确保河防工程的顺利完成以及不断需要的堤坝维护,不得不承担越来越繁重的管理任务。由于大规模地使用稻草、秸秆进行河堤加固,水利工程实施的压力大大增加。针对财政困难,清政府实行了一项质量保证制度,目的是提高治河官员的责任心,一旦工程出现问题,就对官员进行罚款。这一制度只是迫使治河官员贪污更多的款项,因为只有这样才能在堤坝溃口时支付罚款。所以,这种罚款反而增加了朝廷的支出。[③] 实际的情形是,在清朝中叶,南河的预算大约为150万两,实际的支出是

26

---

① 胡昌度,第509—510页。
② 胡昌度,第509—512页。
③ 参见兰达尔·道金,第47—52页。

预算的三四倍。1800 年,南河所管理的漕运费用超过朝廷全部预算开支的 10%。[1] 由于很多方面的财政需求增加,清政府不能保证治河的资金需要。

1855 年后的淮河流域

由于河道总督采取高筑坝的治河技术策略,再加上自身管理效率低下,河道治理遇到了瓶颈。1855 年,黄河在河南决口溃堤,改道向北,由山东北部入海。黄河的这一改道带来的影响是三个方面的。第一,由于黄河改道破坏了运河航道,清政府最终放弃了漕运,不再积极地进行淮河治理。第二,在中央政府不再予以财政支持的情况下,地方相关省份开始支持淮河治理机构和水利项目,但这一变化呈现出缺乏统一协调、省内不同地区和不同省份之间利益冲突的特点。第三,在清朝末年和民国初期,淮河流域洪涝灾害更加频繁,也更为严重。

1855 年后不久,淮河改道就使得运河漕运难以为继。黄河的泥沙很快抬高了山东境内大运河段的河床,形成运河水难以通过的障碍。清政府在漕粮海运的尝试失败后不久就努力恢复运河漕运,但是由于漕粮折银的比例逐渐增大,运河的运输也就慢慢衰落了。

黄河改道以后,由于漕运管理体系不再需要,河道总督的南河治所于 1861 年被裁撤。此后不久,河道总督的其他业务和机构并入漕运总督。1904 年,漕运体系瓦解,漕运管理机构彻底被废除。对于清政府的国库来说,废除漕运管理机构是一件好事,因为到 19 世纪中期的时候,整个漕运体系已没有多少经济价值。根据胡昌度的研究,每担税粮运到北京的费用是其市场价格的四五倍。[2] 然而,取消运河漕运尽管从经济

---

[1] 罗伯特·阿兰·哈克曼,第 28 页。

[2] 胡昌度,第 506 页。尽管有的官员出于政治目的可能夸大船运价格,但每担粮食的运送成本依然很高,晚清时尤其如此。漕运河道维护费用占年收入的 10%,这更使人相信漕运体系花费巨大。

成本上对朝廷有好处,对淮河流域却没有益处。

为了弥补中央政府退出河道管理带来的空缺,各相关省份开始尝试建立机构,进行淮河治理。尽管开展淮河治理是大家的共识,但各地的利益诉求却不一致。由于没有中央机构对地方利益进行协调沟通,地方在淮河治理的方案上争论不休。而且,在民国初期各地政治势力的争斗中,还出现了现代化的趋势,比如引进西方的水利科学,建立水利工程培训机构等等。另外,还有建立全国水利管理部门的呼吁。

由于 1855 年的黄河改道,在淮河入海这一问题上形成了两派观点。第一派是中国文献中所说的"复淮",目的是疏浚 1855 年之前干涸的黄河河道(也就是 1194 年前的淮河河道),恢复淮河故道。但这样做的结果势必会堵塞淮河的长江入口。第二派是导淮,也就是分淮入海入江。这两派的观点是明朝不同治淮技术方案争议的直接延续,即选择"分黄导淮",还是选择"束水攻沙",这两种方法是中国传统治水经验的凝结,也将继续对民国时期的淮河治理发挥指导作用。

1855 年后的几十年中,江苏的士绅和官员提出了几个建议。在 1866—1867 年,江苏士绅和官员向两江①总督曾国藩呈治淮疏表,其中包括苏北丁显的一个建议。丁显提出彻底挑浚废黄河,修复淮河故道,废除淮河的入江口。曾国藩支持此项建议,创设导淮局,并为实施水利工程而先期进行地质勘测。导淮局和水利工程项目的预算申请为 100 万两。然而,清政府的经费并没有到位,因为朝廷更需要银两镇压黄河故道地区掀起的捻军起义。② 江苏官员刘坤一、左宗棠等也赞成并支持丁显的建议,但都没有什么结果。1881 年,刘坤一也采取措施,在江苏设立了导淮局,倡议疏浚废黄河,导淮入海。刘坤一还创造性地提出拿出淮北盐税作为导淮经费,但还是没有被清政府采纳。③

---

① 两江指江苏和浙江。
② 水利部淮河水利委员会:《淮河水利简史》,北京:水利电力出版社,1990 年,第 296 页。
③ 沈百先:《30 年来中国之水利事业》,中国第二历史档案馆,档案号:320(2):11。

正如肯尼恩·彭慕兰(Kenneth Pomeranz)在其关于山东经济、社会研究的著作中所指出的,清政府已经将国家投入的重点从大运河转到沿海地区开发。这一"国策"的改变使得淮河治理成为苏北地区的地方之事。在整个国库吃紧的大环境下,随着国家将重点转到沿海发展,清政府对淮河治理工程的支持不可能实现了。[1]

民国初期的淮河治理,1911—1927

正如帝制时期新建王朝都高度重视水利问题一样,20 世纪刚刚建立的中华民国毫不例外地把淮河治理作为最迫切实现的目标之一。尽管民国政府的大多数部门都急切地发展现代经济,但淮河治理依然成为民国政府重视农业发展的一个体现,甚至比黄河治理还要重要。民国初期淮河治理的一个显著进步是将淮河治理和促进工农业发展紧密地连在一起。

1911 年后,民国政府面临的问题是不能集中必需的资金实施淮河治理工程。民国初期,尽管中央政府没有成功地实施淮河水利工程,但仍然取得了重要的进展。除了水利管理观念的重大转变外,现代水利科学的引进和技术专家作用的发挥,都对未来的淮河管理产生了深远影响。

民国时期的淮河治理与张謇(1853—1926)有着很大的关系。张謇是中国第一批工业家和实业家之一,他提出了将农业投资和工业发展结合起来的思想,认为实现国家的复兴之路应该建立在现代工业和教育改革的基础之上。

29　　张謇早年对水利就很熟悉,他曾研究过潘季驯、靳辅等前辈水利专家的治河经验。在 1894 年的科举考试中,张謇殿试的第一个题目就是

---

[1] 参见肯尼恩·彭慕兰:《腹地的构建——国家、社会和华北内地的经济(1853—1937)》,伯克利:加州大学出版社,1993 年。

河渠策论。① 参加殿试七年前,也就是1887年,两江总督就派张謇到开封调查黄河情况。通过对黄河的调查,张謇认为如果要进一步实施水利项目,需要有综合的水利数据。张謇开封之行后不久,黄河在郑州附近决堤,引起特大洪涝,影响到淮河流域。这次洪涝极大地震动了张謇,使他强烈地认识到提高防洪能力的必要性。然而,张謇后来放弃了传统的学而优则仕的人生选择,走了一条发展实业之路,成为民国时期长江下游地区最著名的实业家和工业家之一。

苏北1906年发生严重洪涝以后,张謇上书江苏省巡抚,要求建立导淮局,以官督商办的形式负责整个淮河流域的水利工作。张謇的这一建议与此前的治河措施有所不同,过去的大型治水项目都是中央政府的特权。尽管巡抚原则上支持张謇的建议,但并不想失去治河这一政府的权力,当时的淮阳官员也反对张謇的建议。江苏巡抚同意张謇先行开展水利调查工作,张謇认为水利调查将会为以后的水利工程奠定基础。

1907年,张謇试图通过新成立的江苏省咨议局推动建立一个负责淮河水利的机构。江苏省咨议局是清朝行政改革时设立的,张謇被选为咨议局议长。张謇说服咨议局的议员在淮安成立了江淮水利公司,同时建议淮河治理所获得的复垦土地利润的30%上交咨议局。② 在通过张謇建议的时候,咨议局要求两江总督和安徽巡抚提供必要的资金。但是,清政府的官员依旧不支持这一建议。尽管如此,张謇仍然按照自己的计划行事,在江淮水利公司建立了测绘科,他认为技术测绘是进行淮河治理不可缺少的第一步,因此请了一个日本工程师给学生讲授现代测绘技术。第一期的43个学员于1908年毕业,其中有9个毕业生被选进通州师范民用工程系继续深造。③

---

① 张謇:《张季子九录》,第6卷,第19—20页。
② 朱昌峻:《现代中国的改革家》,纽约:哥伦比亚大学出版社,1965年,第149页。
③ 1912年后,通州改称南通。

1911 年,江淮水利公司更名为江淮水利测量局,开始对淮河流域进行水文测量。由于经费紧张,再加上兵荒马乱,测量局在淮河流域的测量工作受到很大影响,但是测量小组还是收集和获得了大量水利数据,为后来国外和国内有关部门实施水利项目奠定了基础。测量小组的大部分测绘人员都是通州师范学院测绘系的毕业生。①

1911 年,国外机构开始第一次介入淮河治理工作。看到外国传教士关于中国中原地区严重洪涝和饥荒的报告后,美国红十字会向中国派遣了一支工程队,目的是“调查年年发生洪水的原因,确定是否有可能减少洪涝,解决灾荒问题”②。

经美国国务院批准,在美国红十字会的资助下,查尔斯·詹姆森(Charles Jameson)于 1911 年夏天到达北京,开始对淮河进行勘察。詹姆森最终交给美国红十字会的报告中建议采用引淮入江和引淮入海两种办法来解决淮河的洪涝问题。詹姆森认为,淮河入海的河道应该是黄河故道,淮河进入长江的河道应该和洪泽湖以东的湖泊连在一起。在中国停留期间,詹姆森拜会了张謇,并对张謇的水利测绘工作有所了解。但这两人的关系从一开始就剑拔弩张,詹姆森感到张謇阻碍了美国红十字会的工作,不让他获得江淮水利测量局的测绘数据。詹姆森对此心生怨恨,指责张謇说:“(江淮水利测量局)没有固定的负责人,管理松散、混乱,治河的人完全缺乏水文测绘所必需的技术知识。”不过,詹姆森正确地指出了这一省级治淮机构的问题所在,并敦促建立一个能够管理整个淮河流域的机构。③

张謇深知,很有必要建立一个中央部门,协调整个淮河流域的水利工作。1913 年 10 月,张謇被袁世凯的北洋政府任命为农商总长,不久,

---

① 水利电力部淮河水利委员会:《淮河水利简史》,第 297—298 页。
② 查尔斯·戴维斯·詹姆森:《安徽、江苏和长江以北地区的江河、湖泊和土地》,《远东评论》,第 9 卷,第 6 期(1912 年 11 月),第 247 页。
③ 同上,第 260 页。

张謇就上书,要求建立导淮总局。当时,江苏和安徽两省都各自开展了独立的测绘工作,但是由于经费问题,这些测绘工作都不系统。尽管导淮总局是一个中央政府部门,但却带有浓厚的地方机构色彩,这是因为该机构主要代表江苏的利益(张謇担任导淮总局督办)。导淮总局成立后,张謇和内务部总长朱启钤联合上书袁世凯,建议成立全国水利局。该建议称,如果能统一协调管理全国的水利工作,那么会使数百万人受益,同时还着重指出过去的水利工程年久失修的状况,分析了淮河水患和饥荒给淮河流域带来的影响。在批复同意这一意见时,袁世凯明确指出了淮河现状同周朝治河的成功经验及外国先进的水利管理之间的差距。袁世凯委任张謇为全国水利局总裁,授予他任命技术专家的权力。尽管张謇的委任状里没有特别提到建立省级水利局,但他在中国东部地区建立了13个分局。全国水利局的行政经费由中央政府提供,而地方分局的经费则由相关省份负责。[①]

31

全国水利局是中国在帝制结束以后建立的第一个负责全国水利的机构。从某种程度上来说,这一机构是淮河流域之外省份的士绅推动建立的,他们认为其他流域也要像淮河流域那样得到中央同样的重视。然而,张謇迅速确立了自己在全国水利局的领导地位,使得那些士绅的希望化为泡影。张謇的目的是通过全国水利局吸引国外资金,实施淮河治理工程,因为他清楚地知道全国水利局没有经费支持大规模的水利工程项目。但是,张謇依靠一家农业银行的支持实施淮河水利工程的愿望没能实现,因此,他转而寻求国外资金。张謇知道,国外机构,特别是美国的金融和政府部门,对于投资中国地方性的项目有顾虑[②],所以,他才建议建立全国水利局这样一个中央机构,目的是打消国外投资者的疑虑。

全国水利局成立几个月以后,美国红十字会再次介入淮河水利工

---

① 参见《中国的国家灌溉和水利保护》,《远东评论》,第10卷,第8期(1914年1月),第281—283页。

② 黄丽生,第94—95页。

作。1914 年初,美国驻华公使保罗·芮恩施(Paul Reinsch)代表美国红十字会和张謇签署了《导淮借款草约》。草约规定,美国红十字会向中国提供贷款,年息 5 厘,中方的贷款担保是"开浚流域中所有政府土地上的收入以及将来导淮工程竣工后增加的收入,开浚地区的运河使用税。如果上列收入不敷支付债务,中国政府将从他项收入中拨款支付本息。"贷款金额为 2,000 万美元,美方在淮河水利测量完成一年内支付,水利测量由美国红十字会指派工程专家小组负责。[①]

中美双方在草约的其他方面没有达成一致意见。对张謇来说,特别敏感的是,美方坚持由美方任命总工程师,领导整个淮河的水利测量和治理工作。张謇怀疑詹姆森自己觊觎总工程师这个职位。最后,张謇接受了任命威廉·赛伯特(William Sibert)为总工程师的建议,赛伯特曾担任当时刚刚竣工的巴拿马运河的工程总监。

做出这个让步后,张謇开始自己考察淮河。他想把自己考察的数据和美国测量的数据进行比较。陪同张謇考察的是荷兰工程师 F. M. 布罗姆。张謇敬佩荷兰的海港工程所取得的成就,认为布罗姆的中立意见比较可信。考察以后,张謇写了几篇报告,其中包括《江淮分疏计划》,该计划提出了淮水三分入江七分入海的设想。张謇在治河初期受到丁显"复淮"思想的影响,直到亲自开展调查和接受他的学生的导淮理念之后,张謇才放弃了"复淮"的想法,采纳了分疏淮水的建议,也就是分一部分淮水通过淮/黄河原来的河道入海,另一部分淮水进入长江。

陪同张謇和布罗姆考察的是中国自己培养的水利工程师。尽管张謇肯定利用国外水利专家和引进现代水利科学技术的重要性,但依然认为完全依赖国外专家是对宝贵经费的浪费。他还感到依赖国外专家会阻碍中国自己的水利专家的成长,并认为外国专家对中国河道的"特殊

---

① 关于《导淮借款草约》,参见《远东评论》,第 10 卷,第 9 期(1914 年 2 月),第 370 页。

状况"不熟悉。①

1914 年初,张謇上书民国总统,建议成立一个水利工程研究所。尽管该研究所隶属于全国水利局,但直到直隶、江苏、山东、安徽等省同意共同承担运行经费后,张謇的建议才被批准。张謇接受将研究所设在江苏省咨议局前驻地南京的建议,使得所需费用大大减少。1915 年,河海工程专门学校成立并招生,学生主要来自出资支持这个学校的四个省份。尽管需要交纳住宿费,但来自这四个省份的学生不需要交学费(其他省份的学生则要交),学生毕业后要为全国水利局工作一年。学校的师资包括国外水利专家以及李仪祉、沈祖伟等中国自己培养的水利专家。②

1914 年,张謇再一次上书中央政府,建议每一个洪涝灾害严重的省份都要建立测量和工程学校。中央政府在批复同意时,要求这些省份建立的培训学校必须侧重于测绘和制图。这些学校隶属于全国水利局,所需经费由相关省政府负责,每年招生 50 人,学制两年,主要培训基本的水利测绘和基础性的工程课程。张謇提出建立这类学校主要是基于河海工程专门学校培养的学生不能满足基层水利工作需要的考虑,从这些省的水利培训学校毕业的学生必须为全国水利局服务三年,主要是研究实施其家乡省份的水利工程项目。③

1914 年,江苏省建立了第三种工程培训机构——"江苏河海工程测绘养成所"。该所开设三类课程,一类是基础课程,开设两年;一类是强化课程,开设一年;一类是预备课程,开设 6 个月,预备课程主要是对那些希望参加主课学习但知识不足而开设的补习课程。每一类课程大约有学生 60 人。安徽和山东也建立了类似的学校。

------

① 查一民:《中国第一所水利高等学府——河海工程专门学校的创立和演变》,收入中国水利学会水利史研究会编:《中国近代水利史论文集》,南京:河海大学出版社,1992 年,第 229—230 页。
②《张季子九录》,第 590—591 页。
③ 参见《时事新闻》,《中国公论西报》,第 18 卷,第 7 期,第 40 页。

随着从通州师范学院测绘科、河海工程专门学校以及几所省办的工程测绘养成所毕业的学生进入水利管理机构,中国的水利工程队伍得到迅速发展壮大。尽管詹姆森曾经对中国的水利测绘进行过批评,但布罗姆在他和张謇于1914年完成淮河流域水文测绘后,却对中国水利测绘人员的工作大加赞赏。[①]

张謇从淮河流域勘察回来后不久,美国红十字会的调查也完成了。美国工程人员在调查报告中不赞成分淮水入海入江(张謇建议的方案)。张謇在淮河治理计划中已经基于洪泽湖水位14.5英尺[②]计算出疏浚废黄河以及开挖洪泽湖至长江的河道所需的工程量。美国工程师的报告不同意这一计划,认为为了防止洪水围困洪泽湖,洪泽湖水位的高度不能超过13英尺。如果洪湖水位达到14.5英尺的话,河道和引淮入江的河道还需进一步加大工程量,这样才能保证洪泽湖的水顺利疏导。与张謇的建议恰恰相反,美国工程师主张最好的办法是导淮河水全部入长江。[③]

听到美国人的报告后,张謇勃然大怒。这其中有两个原因,其一,张謇根据自己在同一年进行的水文测绘数据制定的计划,比美国人的计划所需费用要少几百万美元,工期也短得多。其二,美国人拒绝他的导淮入海入江计划,这让张謇认为国外调查人员不能充分了解中国水系的特点。[④] 尽管张謇反对美国人的建议,但他处于两难境地,他深知北洋政府是没有财力支持淮河治理的。事情最后果然不了了之。美国财团的兴趣越来越转向第一次世界大战,对于淮河水利项目总体上处于犹豫不决状态。中国政府给美国红十字会延期一年去筹款,但张謇没有等来美国红十字会的片语只言,北洋政府也不可能资助淮河治理,在此情况下,张

---

① 《测绘记录和评论》,《中国公论西报》,第15卷,第22期,第684页。

② 此处原文是米,疑为英尺。——译者注

③ 美国国家红十字会:《关于中国江苏和安徽省淮河水利工程项目的报告》,华盛顿:美国红十字会,1914年,第18页。项目投资估计为4,500万美元。

④ 朱昌峻,第154页。

謇于 1915 年底辞去全国水利局总裁一职。

张謇对淮河水利治理的关注集中于 1912—1914 年。这一时期进行的水文测试和调查到目前为止都是最全面的。而且,张謇设计的全国水利管理框架为启动和实施淮河水利工程提供了最好的机遇。遗憾的是,鉴于当时国内的政治和经济状况以及国外的失信,淮河工程计划在缺乏必要条件的情况下,没能得到实施。

1916 年,淮河流域再次发生严重洪灾,张謇和他的助手修改了淮河治理工程计划,发表了《江淮水利施工计划书》,对江海分疏作了进一步的修改和论证。但这一次淮水分流的比例与他此前提出的完全相反,张謇建议让淮河水七分入江,三分入海。这一计划总投入 1 亿元,需要大约 10 年完工。关于这一修改后的计划,需要特别指出的是,张謇建议,为了节省工程成本,所需劳动力由军阀解散的军队提供。①

在张謇修改其淮河治理方案的同时,其他部门还提出了两个淮河治理计划,其中一个是安徽水利测量局提出的。该计划建议淮河同时入海入江,与张謇建议不同的是,这一计划将使洪泽湖不复存在。很明显,这一计划最符合安徽省的利益,因为当洪泽湖水位抬高时,位于江苏境内的洪泽湖东岸大堤就会迫使湖水西窜进入安徽。江苏和安徽提出的不同建议反映出:在缺乏中央机构协调地方利益时,淮河的综合管理是已经以实现的。事实上,全国水利局和美国红十字会的合约废止后不久,这种情况就发生了。1915 年,安徽省开始在淮河的支流睢河上实施大规模的水利工程。② 使淮河治理更为复杂的是美国工程师约翰·费礼门(John Freeman)提出的另一个治河建议,该建议主张淮水全部入海,提出从洪泽湖开挖一条河道,直接引淮水入海。③

尽管这些水利项目一个也没有实施,但张謇的治淮决心不改,民国

————————————

① 沈百先,第 11 页。
②《安徽水利》,《远东评论》,第 12 卷,第 6 期(1915 年 11 月),第 242 页。
③ 沈百先,第 13 页。

政府因此于 1921 年任命他为苏北运河督办。张謇有经费 100 万美元,但对于运河治理来说依然是杯水车薪。直到 1926 年去世,张謇一直都在坚持实施淮河治理项目,但这些项目的规模都不大,而且是自筹经费。

小　结

1855—1927 年是淮河流域管理模式发生转变的重大时期。黄河 1855 年的改道使得中央政府退出了淮河水利的管理和治理。地方势力基于传统士绅的责任,组织进行淮河水利的保护和治理,努力弥补中央政府退出后留下的管理空缺。这些传统水利工程规模小,相对于有效进行淮河治理的要求来讲,它们简直可以忽略不提。要想有效地进行淮河治理,就必须实施跨省、跨县的水利工程。

淮河流域的地方利益之争早就存在。明清时期,核心利益问题是洪泽湖。淮河治理是保护江苏还是"直接"将洪水引向西边的安徽? 封建王朝最主要的目的是保护流经江苏的大运河。晚清和民国初期提出的不同治淮方案也反映了地方的利益,丁显、刘坤一等苏北士绅提出的建议反映了江苏省的利益。帝制时期和民国初年的不同在于:封建朝廷具有超越地方差异、实现自己利益的权力。19 世纪末以后,中央缺乏一个能够协调整合资源、实现力量统一的机构,从而使得所有的治淮建议走向式微。

张謇是这一时期最激进的治淮倡导者,但他没有解决地方利益之争问题。张謇认识到建立中央机构对于整个淮河流域规划和治理的重要性,但是安徽人不买账,认为张謇只是打着治理淮河流域的幌子,去实现其在江苏省发展实业的目的。

36　　　　各地区在淮河问题上的争议有两点。第一点是:淮河入海、入江(或者入海入江结合起来)哪一条路子更好;第二点是:不管选择哪一种方式,洪泽湖的水位应该有多高。所以,安徽省拒绝了张謇的治河计划,也不支持他领导全国水利局。相反,安徽径直启动了自己的淮河治理工程。

虽然这一时期的淮河治理屡遭挫折,但依然取得了一些进展,而这些进展最终促进了淮河治理的成功。第一个进展是,张謇提出了把河道管理和工业发展结合起来的思路。张謇的工业计划把水利和土地复垦作为服务现代纺织业的重要组成部分,尤为重要的是,张謇认为工业、教育和水利的发展计划应该成为整个国家现代化的范例。但是建立棉纺织业和进行淮河治理之间有着明显的不同,张謇能够集中民间资金建立和发展他的工业王国,但是淮河治理要比发展工业难得多,也是一个棘手的政治问题。张謇试图通过建立全国水利局来解决各政治势力之间的分歧,但他没有完全理解和解决淮河治理中地方利益之争的难度。不过,张謇提出的农业和工业共同发展、创建中央机构以协调地方利益的建议,依然是这一时期很重要的进展。

继承张謇治河思想的是孙中山,孙中山在其《实业计划》中提出了农业和工业现代化的远景,勾勒出发展工业的宏大计划。孙中山的这一蓝图包括建设三个世界级大港口以及沟通内地与沿海的密集铁路线。而且,孙中山把淮河水利保护和治理作为其整个交通网络的一个重要节点。[①] 为解决"中国今日刻不容缓之问题",孙中山在治理淮河方面提出,凿南北两支出口,每一出口水道深20英尺,彻底解决淮河的入海问题,实现洪泽湖土地复垦1,000万亩。[②]《实业计划》在1927年后成为国民政府的"圣经",促进国民政府把淮河治理工程放在"建设"大业的首要位置。

民国初期的第二个进展是引进国外现代水利科学。现代水利科学一开始是外国技术专家引进的,不久,全国就掀起强烈的学习愿望,促进

---

① 参见孙中山《实业计划》,台北:中国文化服务社,1953,第60—62页。
② 同上,第61—62页。

了国内技术人员的成长。在这方面,张謇再一次率先而为,先是建立了
第一批培训中国学生的水文测试机构,尔后创立了河海工程专门学校①,
培养的毕业生成为中国训练有素的水利工程师。

这一时期的第三个进展是吸引国外资本。张謇和外国机构代表的
关系是矛盾的,但中国政府长期财政困难就意味着外国资本将继续参与
淮河和其他大型基础设施建设。1926 年以后,中国领导人面临的挑战是
为外国资本的参与创造条件而又要避免形成中国出卖国家利益的形象。

在这一时期水利管理体制失败的背后,我们还是能看到一些进展,
但这些进展对于面临的诸多问题来说,是微不足道的。洪涝越来越频
繁,危害越来越大。令人触目惊心的是,中国于 1916、1921、1926 和 1931
年连续发生特大洪涝灾害。

① 即河海大学,该校是中国现今最主要的水利工程科研院校之一。

第二部分

"南京十年"（1927—1938）的建设和淮河水利

1927 年北伐以后,国民党政府试图改变淮河流域水利状况恶化的局面,通过建立中央管理机构、集中资源制定和实施水利工程项目,来加强对淮河的治理。

淮河治理是国民政府建设大业的一部分,建设大业包括制定经济政策和设立管理机构,目的是实现国家富强。从某种程度上说,建设大业是根据中国革命先行者孙中山的《实业计划》提出来的,《实业计划》详细描述了建设港口、铁路、重工业和淮河治理的计划。① 国民党政府不断加大重工业投入,忽视了农业领域的投入,因为面临内忧外患,国民政府急切地希望增强工业实力。在没有推动农村生产关系实现重大变革的情况下,国民政府选择实行了旨在改善交通设施和促进形成农业联合体的政策。

尽管国民政府的重点是重工业,淮河水利依然是其建设大业的重要内容。其中一个原因是历史上的,中国历代新兴王朝取得政权后都把河道治理作为强化其政权合法性的重要措施。但是,国民政府为什么把重点放在了淮河上? 这是因为淮河流域存在的突出问题对国民党政权构成了实实在在的挑战。第一,淮河流域位于国民党统治的核心地区,由于盗匪猖獗,导致经济和社会动荡。第二,北伐以后国民政府十年统治的一个重要方面是地缘政治,也就是说,在同国内外不同政治势力的较量中,实现中国的统一。当时,国民党政权的威胁来自"军阀"、共产党和日本侵略者,这些势力都力图保持或扩大自己的地盘,这种形势对国民党的政策产生了影响。因此,稳定长江下游和淮河流域的农业经济对于巩固国民党的执政地位就显得非常重要。第三,从财力上看,淮河治理要比实施黄河或长江水利工程更为可行。治理淮河不仅是因为国民党在淮河流域有着强有力的统治,而且因为淮河治理的投入要少得多。

---

① 关于孙中山的淮河治理思想,参见《国父全集》,台北:中国国民党中央委员会党史委员会,1981 年,第 1 卷,第 552—553 页。

我们说淮河水利对于国民政府至关重要，并不是说国民政府坚持采取统一的方式实施淮河水利及其他建设工程。事实上，国民政府内部有不同的行政机构，各自有不同的建设目标和建设重点。在 20 世纪 30 年代，国民政府内部不同政治势力相互交锋的特点，充分反映在淮河管理机构和淮河治理的计划上。

接下来的几章将探讨实施淮河治理项目的方式，特别要着眼于这样几个方面：国民政府强化淮河流域管理的能力、利用现代水利科学的能力、培养和引进技术专家的能力，以及通过行政干预成功实施水利项目所取得的成就。

第三章　加强中央管理和工程规划：
导淮委员会（1928—1931）

1928—1931 年,国民政府加强淮河水利的中央管理,在统一全国水利管理方面采取了初步措施,建立了导淮委员会,负责整个淮河流域的水利治理工作,由张謇任督办,而自从河道总督在晚清被裁撤以后,中央就一直没有设置负责整个淮河流域的管理机构。尽管国民政府成功建立了水利管理机构,但由于不能对整个淮河流域进行政治上的控制,因而水利管理机构的行政权力受到很大制约。由此带来的影响是:导淮委员会的水利计划和项目主要集中在国民党统治力量最强的江苏省淮河下游地区。

与北洋政府不同的是,国民政府在整合必要的资源建立水利行政管理方面取得了成功。导淮委员会把技术上训练有素的专业人员吸引到治河机构,并促进国际技术和金融组织参与淮河治理。

尽管国民政府在建立整个淮河流域水利管理机构,甚至最终建立全国统一的水利行政机关方面取得了很大成功,但地方利益冲突以及经费紧张依然制约着淮河治理工作的全面开展。

国民政府和经济建设

1928 年 2 月,在国民党二届四中全会上,国民党通过了一项决议,认

为全国的军事统一已经完成,"政治和经济建设阶段"就要开始。从这次
会议来看,孙中山的政治遗愿似乎已经完成。的确,蒋介石和其他国民
党领袖在 1927 年底有理由表示乐观。北伐大部分已经完成,在南京建
立了新的首都,国民党在军事统一阶段的主要对手共产党已被清除,蒋
介石和国民党左派的政治冲突也已经解决。因此,国民党政府能够自信
地转到实现国家统一和经济建设的阶段。

　　然而,国民政府远远没有统一。1925 年孙中山去世后,从名义上看,
国民党党内的领导问题已经在 1927 年得到解决。蒋介石通过与孙中山
的长期追随者胡汉民的合作,强化了在党内的领导地位。蒋、胡联合后,
又实现了宁汉合流。武汉国民政府由汪精卫领导,汪精卫是国民党左
派,他和胡汉民均被认为是 1925 年孙中山去世后最可能的接班人。
1927 年,蒋介石发动清洗共产党的运动,由于放弃国民党激进的社会改
革计划,蒋介石和更加保守的胡汉民的合作日益密切。

　　在蒋介石集中军事力量镇压"共匪"的时候,胡汉民将注意力转向制
定建设政策。曾玛莉(Margherita Zanasi)在最近关于民国时期经济计
划的研究中指出,民国早期的政治分歧"演变成对行政机构的争夺,这些
行政机构成为不同政治派别操控权力的基础"[1]。的确,在胡、蒋联合政
府成立时,由于经济计划隶属不同的行政机构,建设项目的实施遇到很
大阻碍。交通部、铁道部、工业部等不同部门各自实行自己的建设计划,
缺乏统一的指导和协调。正如曾玛莉所言,这些政府部门已经成为国民
政府不同政治派别操控权力的基础,"只要控制了这些部门,就能保证政
治领导人掌握政府资源和实施计划的途径,从而实现这些政治领导人的
政治抱负"[2]。

　　1928 年国民政府组成以后,成立了建设委员会,由张人杰出任主席。

---

[1][2] 曾玛莉:《20 世纪 30 年代中国的国家主义、经济封闭和经济计划》,哥伦比亚大学博士论
　　文,1997 年,第 32 页。

由于该委员会负责制定农业和工业政策,因此也负责全国的水利工作。建设委员会从一开始就困难重重,由于官僚部门的强硬掣肘,建设委员会的行政管理受到严重制约。比如,1928 年,建设委员会试图将先前在上海建立的长江委员会纳入自己的管辖范围,但是交通部已经命令长江委员会不要移交任何重要材料。建设委员会在试图收回黄浦江委员会的管理权方面也遇到了同样的问题。① 事实上,建设委员会在成立后不久就意识到没有足够的权力去实施建设计划。蒋介石利用他在全国经济委员会的影响,对胡汉民及其政治盟友控制的政府部门进行经费限制。胡汉民尽管是蒋介石在政府中的盟友,但依然被蒋介石视为政治对手。由此带来的结果是,建设委员会失去了作为协调领导全国建设这一组织的功能,仅仅局限于在张人杰以前担任政府主席的浙江省实施了几个具体的项目。后来,蒋介石建立了由自己管理的超部委组织"全国资源委员会",主要领导国有重工业发展,促进军事生产。

建设委员会设立了"整理导淮图案委员会",收集北洋政府以来的江淮测量数据,整理 1927 年以前的导淮建议。②

导淮委员会

1929 年 7 月,国民政府成立导淮委员会。③ 该委员会被赋予内阁部委级别,体现了淮河水利在国民党建设大业中的重要性。建立导淮委员会是 1929 年之前国民党一再表示重视淮河水利的结果,孙中山在其包罗万象的《实业计划》中就特别重视江河管理,提出了重要的水利项目,

---

① 《中国年鉴 1932》,纳德林:克劳斯-汤普森出版社,1969 年,重印本,第 365 页。

② 《整理导淮图案报告》,收入《革命文献》,台北:中国国民党中央委员会党史委员会,1980 年,第 82 卷,第 11—12 页;另参见沈百先《30 年来中国之水利事业》,中国第二历史档案馆,档案号:320(2):11,第 37 页。

③ 此处作者原文是"淮河水利委员会",国民政府时期实际上称为"导淮委员会",1990 年以后才叫做"淮河水利委员会"(全称"水利部淮河水利委员会")。此处翻译时做了修正。——译者注

包括淮河治理,孙中山认为这些水利项目对于经济建设至关重要。[1]
1928 年以前,国民党就采纳了孙中山的计划,1924 年,国民党召开第一
次全国代表大会,在大会宣言中指出:"以为农民之缺乏田地沦为佃户
者,国家当给以土地,资其耕作,并为之整顿水利,移植荒徼,以均地力。"
1924 年,国民党一届二中全会提出要"加快土地改革,实施江河治理,促
进农业发展"。尽管国民政府根据孙中山的遗愿设立了导淮委员会,但
蒋介石却有他自己的用心。

　　到了 1928 年,蒋介石基本上放弃了 1924 年国民党第一次全国代表
大会通过的激进的经济和社会宣言,均土地的口号也不再提了。不过,
通过治水、铁路、电力和农业合作等发展农业,依然是国民党的国策。[2]
尽管这些政策符合孙中山的实业计划精神,但蒋介石更感兴趣的是通过
淮河治理促进国内的稳定。1927 年以后,蒋介石首要关心的问题是通过
和其他军阀建立联盟、消灭"共匪"等手段,完成全国的统一,而淮河流域
作为"南京的后院"是可能发生社会动荡甚至政治动荡的地区。1929 年,
国民党第三次全国代表大会决定在所有的水利项目中,优先考虑淮河和
大运河项目。[3]

　　即便是不考虑淮河水利可能带来的经济和(或)政治利益,蒋介石也
深知"治河"在权力合法性方面的重要性。大禹以及中华帝国的所有开
国皇帝之所以能合法地成为一代君王,其中部分原因是能够治理江河,
为农业发展创造稳定有序的生产条件,蒋介石选择淮河作为治理对象反
映了历史上对于都城的一种象征性需要。此外还有一个原因,淮河治理
的费用(与黄河治理相比),相对来说要少。

　　导淮委员会的组织结构反映了国民政府对淮河治理的重视。国民

①《国父全集》,第 1 卷,第 552—553 页。

② 周开锡:《中国经济政策》,台北:国际经济出版社,1959 年,第 298 页;另见黄丽生,第 132 页。

③ 王树槐:《蒋中正先生与导淮事业》,收入《蒋中正先生与现代化》(1988 年在台北举办的"蒋介
　　石和现代中国"会议论文集),第 3 卷,第 195 页。

党政治会议第167次会议决定把导淮委员会定为内阁级别,直属国民政府,特任蒋介石和黄郛分别担任导淮委员会委员长和副委员长,另外还有12名特派委员。

表3.1 导淮委员会委员组成一览表①

姓 名	籍 贯	姓 名	籍 贯
蒋介石	浙江	李仪祉	陕西
黄 郛	浙江	陈其采	浙江
庄崧甫	浙江	陈 仪	浙江
吴稚辉	江苏	陈辉德	江苏
张人杰	浙江	王 震	湖南
赵戴文	山西	段锡朋	江西
吴忠信	安徽	陈立夫	浙江
麦焕章	江苏		
1931 年重组后增加的委员			
杨永泰	广东	陈懋解	福建
沈百先	浙江	沈 怡	浙江
许士英	安徽		

注:庄崧甫1930年1月接替黄郛担任副委员长

从1928年建立到1932年重组,导淮委员会的领导人多次变更。尽管蒋介石在关键政策制定上要过问一下,但日常的行政管理工作由副委员长负责。黄郛1928年被任命为导淮委员会副委员长,但一直没有到任,1930年初,副委员长一职由庄崧甫代替。1932年7月,陈果夫被任命为副委员长,并一直干到1936年。②导淮委员会的委员和地方省份的关系也是不同寻常的,大多数委员都和江苏或安徽有这样那样的联系,

45

①②《导淮委员会工作报告》(1929年6月—1934年12月),收入《革命文献》,台北:中国国民党中央委员会党史委员会,1980年,第82卷,第184页。

这种地域性特点以及导淮委员会领导人的变更对于委员会的政策制定工作带来了极大的影响。

根据导淮委员会组成法,委员会下设总务处、工务处、财务处。工务处设在淮阴,由李仪祉负责。李仪祉是一位专业的水利工程师,曾在柏林大学和丹斯哥大学学习,1916 年回到中国,先后在多个部门任职,其中包括 1916 年由张謇创办的河海工程专门学校,他曾在该校任教授和教务主任,后来担任中国水利工程学会会长。[①] 李仪祉被任命到导淮委员会是国民政府有能力吸引技术专家进入管理体制的早期表征。尽管导淮委员会的最初成员确实以国民党和国民政府的官员为主,但受过技术训练的成员不断增多。作为总工程师的李仪祉吸收了数量可观的工程师到工务处任职,其中包括沈怡。沈怡曾在德累斯顿技术学院接受水利工程教育,后来成为全国资源委员会的核心成员。[②]

工务处是导淮委员会的核心部门。根据导淮委员会组织法,工务处负责水文调查和测绘以及工程的设计、实施和质量检查工作。所有其他事宜,包括最重要的财务工作,于 1931 年交给秘书处。[③] 秘书处由曾在科罗拉多大学接受水利工程教育的沈百先负责。沈百先是"南京十年"期间淮河治理工作的重要人物之一。[④]

根据司法院的司法解释,导淮委员会的行政职能是明确的,主要是制定和实施政策、计划,具体包括:

[①] 关于李仪祉的生平介绍,参见霍华德·波曼编的《民国名人辞典》,纽约:哥伦比亚大学出版社,1967—1979,第 2 卷,第 304—305 页。

[②] 被委任到工务处的其他工程师有林平一、许心武、刘梦锡、汪胡祯和陈书堂。有关名单参见王树槐《蒋中正先生与导淮事业》,第 196 页。关于沈怡,参见霍华德·波曼编的《民国名人辞典》,第 3 卷,第 115—116 页。

[③]《导淮委员会组织法》(1931 年 1 月 31 日),台湾中央研究院近代史研究所,档案号:27-03:5(2)。

[④]《导淮委员会工作报告》,第 184—185 页。

1. 负责与淮河水利有关的所有管理工作(包括测绘、疏浚、改善河道和经费);

2. 负责整个淮河流域所有公共土地以及水利工程期间因实施水利项目而产生的土地的行政管理(包括土地清丈、登记以及征用、整理);

3. 对任何违反或不遵守委员会规定的淮河治理组织、行政机构或官员进行惩处;

4. 有权获得驻在淮河流域的任何行政机关或军队的保护和工程项目方面的协助。[1]

46 委员会组织法还试图通过省政府、县政府的协助,对淮河治理进行垂直管理。另外,1929年,国民政府颁布实施了《县级政府组织法》,要求每个县政府设立建设局(和公安局、教育局、财政局平级)。各县的水利项目一般由县建设局负责,尽管有时两个县或更多的县会在实施跨县水利项目时联合起来,组成合作委员会。[2] 为了使县政府水利管理的职能和任务更加体制化,确保和中央政策的统一,国民政府任命淮河流域所有的县长为导淮委员会协助委员。[3] 这些地方官员的职责包括:调查报告、设备提供、河工征用、土地核实、土地复垦、植树造林以及小规模的堤坝管理。[4]

淮河治理计划的制定

导淮委员会在制定淮河水利计划时考虑到了多种因素,这些因素反映了国民政府经济建设的重点。淮河治理要解决淮河水利保护和水利应用的平衡(比如防洪和发电、水利灌溉的关系)、地方利益、经费不足以

---

[1]《革命文献》,第81卷,第285—287页,第363—365页。

[2] 参见黄丽生,第111页。

[3]《导淮委员会工作报告》(1929年6月—1934年12月),第260页。

[4] 参见黄丽生,第138页。

及政府在淮河流域的政权建设等问题。

1929 年 8 月,李仪祉和导淮委员会工务处的技术人员从南京出发,到淮河流域进行水文调查。另外,来自汉诺威大学的水利工程教授方修斯(Otto Franzius)也在他到达中国后不久的 1929 年年底开始了对淮河的调查。方修斯当时担任导淮委员会工务处的技术顾问,他的调查显示,由于淮河流域的政权没有完全统一,导淮委员会要制定一个整体、有效的治淮方案不是件容易的事。在水文调查时,由于淮河中上游兵匪混乱,方修斯不得不中道折回。① 尽管方修斯遇到种种波折,导淮委员会工务处依然在 1929 年 12 月完成了对淮河流域的初步调查,并于 1930 年初向导淮委员会提交了一份技术报告。

这份技术报告是在发达国家"河道综合治理"的原则下起草的。所谓"河道综合治理",换句话说,就是淮河治理的目的是防洪、改善航运和水利灌溉、发展电力。在制定淮河治理计划时,导淮委员会工务处充分研究、借鉴了北洋政府时期的各种治淮方案。

表 3.2　民国早期(1911—1926)的淮河治理建议一览表②

47

计　　划	主　要　观　点
美国红十字会(1914 年)	主张淮水全部入江和洪泽湖
江淮水利局(1919 年)	主张 56% 的淮水入江,34% 的淮水入海,20% 的淮水贮蓄到洪泽湖
安徽省水利局(1919 年)	主张分淮入海入江,涸垦洪泽湖
费礼门(1920)	主张淮水全部入海,涸垦洪泽湖
全国水利局(1925)	主张分淮入海入江,另在淮河上游实施水利工程

导淮委员会工程师面临的关键问题是如何在改善淮河现有入江河

①《中国年鉴 1932》,第 367 页。
②《整理导淮图案报告》,收入《革命文献》,台北:中国国民党中央委员会党史委员会,1980 年,第 56—72 页;简明的记述参见沈百先《30 年来中国之水利事业》,中国第二历史档案馆,档案号:320(2):11,第 36—37 页。

道、开挖新的入海河道或者两者兼顾这些不同方案中进行权衡。在治淮问题上另一个难以决定的问题是洪泽湖。一年前,国民政府建设委员整理导淮图案委员会在研究北洋政府时期的治淮方案时认为,美国红十字会和费礼门关于淮河最大洪峰泄流量为 6,500 立方米/秒的计算太小,因为这些计算是根据 1919 年洪峰的最大流量得出来的,事实上,淮河1921 年的洪水(15,000 立方米/秒)已经大大超出了 1919 年的洪峰流量。因此,美国红十字会的淮水入江计划不能安全应对 1921 年那样规模的洪水。另外,整理导淮图案委员会认为,费礼门利用黄河故道入海的计划也是不可行的,因为在枯水季节,淮河流量不足以冲刷黄河的泥沙。因此,如果没有洪泽湖这一蓄水库所增加的水流,航运是不可能的。通过综合研究,导淮委员会工务处的技术报告认为,江淮水利局、安徽省水利局和全国水利局的治河方案更具可行性,因为这些方案是根据洪泽湖的最大泄洪量制定的,而这一泄洪量(12,000 立方米/秒)比较接近1921 年的洪峰流量。与这三种方案都主张分淮入江入海相同,导淮委员会工务处的报告认为,疏浚淮/黄河故道,尽管工程造价较高,但可以实现淮河流域和陇海线的连接,因此能够达到防洪、航运和灌溉三个目的。[1]

在充分利用国民政府建设委员整理导淮图案委员会的早期报告,以及自己对现有淮河入江河道和今后入海河道进行测绘的基础上,导淮委员会工务处于 1930 年 5 月向导淮委员会提交了《导淮初步工程计划说明书》,该计划提出将于 1936 年完成导淮工程。《导淮初步工程计划说明书》分章描述了排洪工程、灌溉工程、航运工程等方面的目标,提出淮水入江和经苏北入海的方案,同时提出扩大洪泽湖,使之成为蓄水库。

这项计划采用了 1921 年洪水最大流量 15,000 立方米/秒的数据。

[1] 关于对这些计划的评价,参见《整理导淮图案报告》,收入《革命文献》,第68—69 页。

根据洪泽湖最大排洪量 15,000 立方米/秒的工程设计,新疏浚的淮水入江河道可以泄流 9,000 立方米/秒,那么洪泽湖的蓄洪能力要扩大到 6,000 立方米/秒。换句话说,洪泽湖的水位要达到 15—16 英尺(不能低于 15 英尺,以便有足够的水保证大运河的航运和水利灌溉)。具体工程建议包括建设一系列的船闸、水门和堤坝,引导淮水经三河闸、高邮湖、邵伯湖、大运河,至三江营入江。[①]

从总体上看,这项计划与孙中山的治河思想很相似。的确,计划制定人员在继承孙中山的治河方略上做出了努力[②],所提出的提高生产能力的建议就深受孙中山的影响。导淮委员会的水利工程师制定的这项计划强调航运、灌溉和水力发电,反映了现代水利强调综合治理的理念。这些工程师认为,淮水入江既能防洪,也能为未来的船运和水力发电创造条件。因此,《导淮初步工程计划说明书》的一期工程是疏浚入江河道,入海河道工程则放在日后实施。

先启动淮水入江工程还有经济上的考虑,因为淮水入江比入海的费用相对要少。[③] 第一期工程计划 1936 年完工,预算为 5,000 万元。尽管没有后续资金,但涸湖增垦的土地所增加的税收将支付后期工程费用。淮水入江的新河道疏浚以后,早在明朝时期就建立的水门将永久关闭,这些水门建在穿越里下河地区的运河上(明清时期,每遇大水,水门就被打开)。淮河治理一期工程实施以后,不仅里下河地区将全部永久干涸复垦,而且,随着淮河疏浚能力的提高,高邮湖的相当一部分面积也可用于农业生产。另外,《导淮初步工程计划说明书》还提出加固洪泽湖大堤,在淮河中上游两岸构筑堤坝。在不考虑将来水力发电收益的情况下,这份导淮工程报告分析了通过提高农业生产和税收将会获得的巨大回报。

---

① 《导淮工程计划》,收入《革命文献》,台北:中国国民党中央委员会党史委员会,1980 年,第 82 卷,第 81—84 页。

② 参见蒋介石的《导淮工程计划》序言,收入《革命文献》,第 82 卷,第 74 页。

③ 关于导淮入海优先路线,参见《导淮工程计划》。

表 3.3　导淮工程计划收益一览表①

49

收益内容	经济效益
减少土地淹没	5,000 万亩
涸湖增垦土地	245 万亩(折合 6,000 万元[a])
新增灌溉面积	4,149 万亩
每年新增水费税收	414.9 万元[b]
新增航运税收	750 万元[c]

注:a. 按每亩 25 元计算
　　b. 按每年水费税收 1 角/亩计算
　　c. 按每年航运吨位 25 亿吨、每吨收税 0.003 元计算

《导淮初步工程计划说明书》于 1930 年 5 月出台后不久,导淮委员会就要求工务处考虑一个入海方案,主要是担忧淮河、长江洪峰同时发生时淮河入江河道的泄洪能力。导淮委员会工务处的工程师根据淮河最大洪峰 15,000 立方米/秒(根据 1921 年的洪水记录,其余 6,000 立方米/秒蓄洪于洪泽湖),推算出淮河入江的最大流量为 9,000 立方米/秒。如果淮河、长江同时发生洪峰的话,淮河入江河道将不能排泄 9,000 立方米/秒的洪水。这种情况下,唯一的办法是扩大洪泽湖的蓄洪量,使之成为特大洪水爆发时的蓄水库。基于此,工程师认为淮河入海的流量应该达到 1,500 立方米/秒,从而在长江和淮河洪峰并发的情况下将淮河入江的流量减少到 6,000 立方米/秒(剩余 1,500 立方米/秒的淮河流量没有谈到,见下述)。

工务处所面临的最棘手的问题是入海河道的选址问题。根据新的泄洪要求,李仪祉带领工程师提出了三个河道备选方案:① 从洪泽湖到张福河,经大运河至盐河,然后开挖一条新河道至套子口入海。② 从洪泽湖经天然河,穿越废黄河,然后开挖一条新河道至套子口入海。③ 从

———————————

① 参见《导淮工程计划》,第 88—90 页。

50

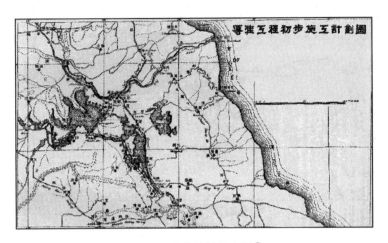

图 3.1　导淮计划示意图①

洪泽湖经张福河,穿越废黄河,然后开挖一条新河道至套子口入海。②

　　在对三个淮河入海河道建议方案通盘考虑并对其进行修改后,工务处于 1930 年 5 月将《导淮初步工程计划说明书》提交导淮委员会。委员会于当年 9 月召开"讨论导淮计划会议",研究整个导淮初步工程计划。参加会议的有三名导淮委员会委员、工务处处长和三名工程师、建设委员会和长江委员会各两名委员、淮河流经地区(江苏、河南、安徽和山东)的代表各一名,以及"华洋义赈会"的一名代表。③ 这次会议上的讨论和向中央政府提出要求的态度,反映了不同地区对于该计划认识的巨大差异。与会各方对于该计划的反应主要侧重于两个问题,即淮河入江和入海孰先孰后的问题以及入海河道的选址问题。总起来说,安徽和苏北的代表反对把淮河入江作为优先选择,而是支持先行开挖入海河道。来自江苏和安徽的代表和地方官员主要关心减灾问题。与会代表达成的最大共识是恢复淮河入海河道。

51

---

① 地图转自中国第二历史档案馆,档案号:44:1719(淮河水系)(英文版),1933 年。

②《导淮委员会工作报告》(1929 年 6 月—1934 年 12 月),第 140—141 页;另参见《陈果夫先生全集》,台北:近代中国出版社,1991 年,第 2 卷,第 202—203 页。

③《导淮委员会工作报告》(1929 年 6 月—1934 年 12 月),第 251—252 页。

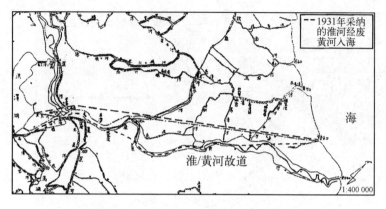

图 3.2　淮河入海水道建议方案示意图①

　　安徽的官员不仅反对把淮河入江作为优先选择,而且还反对继续把洪泽湖作为蓄洪库。对于这些官员来说,《导淮初步工程计划说明书》了无新意,因为,在江苏洪泽湖东岸兴建大型水利防御工程就是要牺牲洪泽湖西岸的安徽省的利益。的确,《导淮初步工程计划说明书》含蓄地建议,在淮河和长江同时发生洪水时,洪泽湖的蓄洪量要扩大,以应对新增加的 1,500 立方米/秒的洪水(见前述)。洪泽湖要提供蓄洪能力,就得向西岸的安徽泄洪。因此,安徽主张经灌河开挖一条大的河道,或经江苏北部开挖一条河道,引淮河入海,这种方案将实现洪泽湖的涸湖增垦。安徽省还认为,淮水经灌河入海有自然优势,即河道泄洪流量大、河道入海有坡度、孙中山早期的治河计划中就有此建议。②

52　　　江苏官员虽然对《导淮初步工程计划说明书》的意见没有那么强烈,但也支持淮河入海方案。这些观点看起来反映了一个共识,即主张淮河入海,疏浚恢复原有的、也就是 20 世纪前的淮河水道。苏北官员最大的关切是减少洪涝,因为洪涝频发毕竟是淮河的自然状况,实施淮水入海则是减少洪涝的最佳途径。

---

① 该图转自《导淮工程计划》(1931 年 10 月),藏于中国第二历史档案馆,档案号:27－04:4(3)。
② 王树槐:《蒋中正先生与导淮事业》,第 198 页。

　　然而,在江苏官员内部,采取哪一条入海河道又存在着明显的不同意见。苏北官员支持淮河经灌河入海,强调的理由和安徽官员提出的大同小异。射阳河以南地区的官员也支持淮水经灌河入海,他们认为如果入海水道选择在较靠南的地区,就会威胁兴化县和里下河地区。这一地区的土壤孔隙多,农田在海平面以下,难以承载一条新河道。另外,如果在这一地区开挖新的河道,会对盐场产生威胁,严重影响几千名盐场工人的生计。

　　与此相反的是,灌河地区的地主和官员反对淮河从他们的家园流过。这些人认为,灌河本身就难以应对来自几条小支流的河水。而且,更为重要的是,他们的反对意见也谈到了导淮入海对当地盐场的影响,河水淹没这些盐场后将导致政府税收大量减少以及数万名盐场工人失业。

　　在淮河入海河道这个问题上,主要的反对意见是把利用废淮/黄河改为在南边开挖河道。其他的反对意见还有来自沙土地的泥沙问题、复垦洪泽湖没有效益问题以及工程开支相对较大的问题。

　　支持采用废黄河的人认为,废黄河附近都是不毛之地,采用这条河道导淮入海不会引起争执。另外,工程实施以后,靠近河道的土地可以让穷人垦殖,或奖励给那些有功的治河官员和军队。

　　归纳起来,安徽和江苏关于《导淮初步工程计划说明书》的讨论和争议都重申了导淮入海的愿望,但也反映了在河道选址以及洪泽湖问题上的不同意见。概括起来,安徽方面希望采纳一个涸湖增垦的入海河道计划,江苏的地方官员和地主也赞成导淮入海,但在具体河道选址上存在着地区差异。

　　1930年底,工务处将包含有《导淮入海水道计划》的最终方案上呈导淮委员会,该处的工程师确定采用废黄河的入海方案。1931年7月,导淮委员会在第12次会议上批准了工务处的治淮方案。

表 3.4　三条不同淮河入海水道数据比较一览表①

53

入海水道	长度(公里)	土方(立方米)	土地征用(亩)[a]	工程造价(元)
张福河—盐河—套子口	169	124,327,000	125,070	25,017,000
天然河—套子口	165	157,929,000	140,110	30,561,000
张福河—废黄河—套子口	173	278,649,600	65,850	34,269,100

注:a 这里指私有土地

关于采取废黄河的入海方案,导淮委员会给出的解释是,废黄河水道附近的现存河堤(尽管废弃坍塌)将节省土地工程的土方,减少土地的征用量。② 的确,与其他水道相比,这一条水道的土地征用量要少很多。而在其他方面,选择这条水道在经济上则处于劣势。由于要挖掘废黄河河道里淤积了数百年的泥沙,因此这一工程所需要挖的土方几乎是其他两个水道方案的两倍。而且,废黄河水道要比其他水道的距离长(见表3.4)。这些因素导致工程造价要高出许多。之所以最终选择废黄河水道方案,是因为国民政府高度重视江苏的地方利益,而江苏是国民党统治的重要基地。③

然而,国民党政府争取地方支持的愿望只是影响 1931 年最终批准导淮初步工程计划的一个因素。虽然地方势力成功地敦促中央政府采纳淮河入海方案,但最终的计划依然强调淮河入江的重要性。尽管安徽和江苏普遍反对淮河入江,但李仪祉和工务处的技术人员仍然坚定地认为淮河入江可以在采用现代水利科学的情况下带来经济效益。这些专家曾留学欧美,在学习和培训中认识到水利管理不仅要能减灾,还要进行水力发电、航运和灌溉。在李仪祉看来,淮河入江河道对这些地区有

---

① 《导淮入海水道计划》,收入《革命文献》,台北:中国国民党中央委员会党史委员会,1980 年,第 82 卷,第 174—176 页;另参见《导淮委员会工作报告》(1929 年 6 月—1934 年 12 月),第 140—141 页。
② 《导淮委员会工作报告》(1929 年 6 月—1934 年 12 月),第 141 页。
③ 王树槐:《蒋中正先生与导淮事业》,第 202 页。

最大的回报。蒋介石对解决江苏地区政治动荡的现实需要更为敏感,因此最初支持在江苏北部开挖入海河道,减少洪涝灾害。但是,据说李仪祉成功地说服蒋介石相信洪涝治理可以和现代建设目标有效地结合起来。因此,蒋介石不再支持1931年批准的导淮工程计划。[①]

蒋介石支持导淮工程计划显示出他的思考绝不仅仅限于军事目的和重建中国传统的农业"优势",还在于水力发电和改善航运能积极推动现代工业的发展。从这个意义上说,在这一时期(1927—1931),蒋介石和国民党左派(比如汪精卫,见第五章)之间以及蒋介石和宋子文等国民党自由派人士之间的尖锐对立,似乎又不那么明显了,而到了国民党统治后期则非常明显。[②] 在这种情况下,导淮委员会工程师的作用就很关键,他们通过强调水利工程对国民党建设政策的影响,成功地争取政府支持水利项目。

导淮委员会在1931年11月召开"第二次有关人士及水利专家讨论会",试图在淮河工程计划方面达成一致。会上,导淮委员会正式对淮河入海的反对意见进行了解释,提出了对淮河入海河道的忧虑。导淮委员会还对安徽继续抗议把洪泽湖作为蓄洪池一事进行了直接的回应,认为洪泽湖对于航运和灌溉都至关重要。另外,委员会还认为洪泽湖做为一个水库在洪涝季节是必要的。委员会拒绝了安徽提出的把灌河作为入海河道的要求,因为灌河根本不能够排泄淮河洪峰。针对关于委员会放弃孙中山《实业计划》中提出的经灌河排淮水计划的谴责,导淮委员会工务处副总工程师须恺明确地回应说,孙中山曾提出任何最终的治理计划都得符合综合治理水利的要求。[③]

54
55

---

① 王树槐:《蒋中正先生与导淮事业》,第202页。

② 参见曾玛莉,第45页。曾玛莉对蒋介石、国民党左派以及宋子文等自由资本主义者之间的经济政策和思想的明显分歧进行了分析。

③ 《关于导淮讨论会会员提出诸问题之研究》(1931年11月),台湾中央研究院近代史研究所,档案号:2707:3。

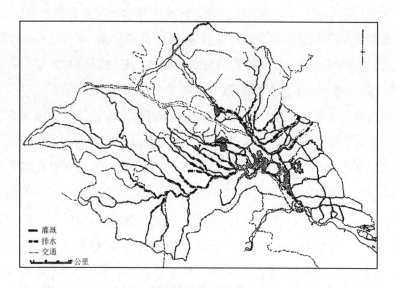

图 3.3　淮河工程计划收益示意图①

除了召集有地方官员和工务处人员参加的第二次讨论会外,国民政府还要求实业部、内政部和交通部分别就淮河工程方案提出意见,而这三个部都强调淮河入海和入江工程要同时进行。之所以得出这样的结论,最主要的考虑是必须立即进行减灾。在回答淮河工程的优先顺序时,李仪祉似乎表面上接受了入海和入江同时进行的观点。但由于财政拮据,入海和入江两项工程同时进行是不可能的,因此李仪祉仍然认为,利益最大、见效快的是首先启动淮河入江工程。

小　结

在 1927—1931 年期间,国民政府把淮河水利作为其建设大业的一项重要内容。导淮委员会的建立表明国民政府要从体制上加强对淮河全流域进行管理的愿望。对于整个导淮工程来说,至关重要的是要具有

---

① 地图转自黄丽生,第 283 页。

建立中央水利管理机构以及对整个淮河流域行使管理职能、围绕服务经济现代化制定水利工程计划的能力。

由于被赋予了部委级别，导淮委员会具有了整合利用有限资源的行政权力。委员会利用诸如科技人员、省级机构和国家级机构的协同行动，来确立导淮委员会的目标，保证地方参与淮河治理。

然而，导淮委员会扩大其对淮河流域管理的能力是有限的。与国民政府的政权统治相似，导淮委员会在江苏省的管理力度要比在安徽、山东或河南省大，这一现实使得淮河水利工程主要是在淮河下游实施。除此以外，还有一个淮河水利如何与全国水利目标和行政管理机构相协调的问题。1931年前后，社会上就呼吁对全国水利进行统一管理，呼吁最强烈的是中国水利工程学会的会员。[①] 当时，国家水利行政管理由几个不同的部门负责：水利调查、测绘和制图、河道保护、洪水防护等计划由内政部的土地司负责，水利建设由建设委员会负责，商贸港口由实业部商业司负责，港口建设规划由交通部航政司负责。[②] 这些部门的很多工作和导淮委员会的职能有交叉之处，导致资源配置效率低下。国民政府已经启动调研准备工作，拟建立一个新的统筹部门——全国经济委员会，管理制定全国的水利政策，但是具体的机构建设直到1933年才进行（见第五章中对全国经济委员会的探讨）。

淮河工程计划的制定也是一个在与不同的力量博弈中取得进展的过程。对这一过程影响最大的因素是技术专家，一批技术专家被吸纳到导淮委员会的行政管理机构。这些专家在国外或中国国内越来越多的技术机构里受到专业技术培训，能够在现代水利科学的指导下制定水利政策。1931年7月批准的导淮工程计划提出分三个阶段治理的方案，解决了泄洪、航运与灌溉、水力发电等不同需要的问题。李仪祉和工务处

[①] 具体例子参见《中国水利工程学会上呈国民政府书》(1931年9月18日)，中国第二历史档案馆，档案号：1(1)：5319。

[②] 《最近20年来水利行政概况》，《水利月刊》，第6卷，第3期(1934年3月)，第188页。

面对多数派意见的压力(包括一开始蒋介石的意见)，继续坚持认为应该先实施淮河入江工程，因为这样可以为航运和发电带来更多的实惠。国民政府采纳了这个方案，反映出导淮委员会技术专家对水利政策的影响。

导淮委员会还采取措施，招聘中低层的技术人员。河海工程专门学校(1931年并入中央大学)的毕业生到1931年已有200人左右，被分派到全国各地的主要水利机构工作。由于淮河治理工程的重要性，大多数毕业生被聘到导淮委员会工作。[1] 而且，在导淮委员会工务处的指导下，在淮阴设立了工务人员培训班。培训班办了两年，开设的课程包括测绘、规划和工程监管。培训班的课程由工务处工程师讲授，共培训90名学员，其中大部分受聘于导淮委员会。[2]

最后，基于淮河的行政管理机构和政策导向，需要对1927—1931年期间国民政府的建设项目管理进行修正。关于这一问题，最新的研究认为，国民政府的建设计划遇到蒋介石的阻碍，甚至遭到他的反对，因为蒋介石赞成一个更为人接受的观点，那就是强化传统农业，使之成为国家的基础。这种经济思维模式和发展农业、支持现代工业发展的思想大相径庭。蒋介石通过其控制的中央金融委员会拒绝向建设计划拨款，从而打击其潜在的政治对手。蒋介石的这一倾向性也说明了其农业重于工业的观点。

57 可以确定地说，在1927—1931年期间，淮河水利工程没有一点实质性的进展，主要原因是缺少资金。国民政府最急于解决的是完成国家统一，哪怕是采取军事手段，这一目标显然比水利更需要钱。但问题是，淮河水利机构建设和水利项目计划反映了蒋介石和导淮委员会推动自由经济发展，比如将农业投入和现代经济发展结合起来的思想。因此，如

---

[1]《最近20年来水利行政概况》，《水利月刊》，第6卷，第3期(1934年3月)，第167页。
[2]《导淮委员会工作报告》(1929年6月—1934年12月)，第158—159页。

果认为1927—1931年期间或者所谓的"宁汉合流"时期与1931年以后有着截然的不同,认为只是在1931年以后才为采取自由经济发展模式进行更大力度的体制建设,那就太偏激了。

第四章　泥沙泛滥：1931 年的洪灾

截至 1931 年，导淮委员会已为淮河治理工程奠定了基础，建立了综合的行政管理机构，制定出了全面的工程计划，剩下的关键问题就是经费了，导淮委员会希望通过中英庚子赔款获得工程经费。总的来说，这些因素表明，自清初以来，中国在准备实施这项最大规模的水利工程方面已经取得了相当大的进展。遗憾的是，天不遂人愿。

洪　水

华中地区的雨季在早春就开始了。1931 年，整个夏天都笼罩在迷蒙的天空和绵绵不绝的雨水当中，到了冬天还没有结束的意思。多雨的季节一般会发生洪涝灾害，但长江和淮河流域的农民怎么也想像不到这次洪水的破坏程度。在一个经常发生水灾的地区，1931 年的洪水被视之为截至当时中国最大的灾难。

据记载，早在 1930 年底的冬季，华中地区就出现了天气异常现象。

整个冬天,暴雨连连,然后是漫长的霜冻,似乎向农民预兆来年的不利。[1]
当春暖冰融时,河水暴涨,而大雨把水位抬得更高。大雨连绵经月,至七
八月份形成洪水顶峰。7月份,长江流域发生7次飓风,而过去每年一般
发生两次。仅7月份,降雨量就达到往年降雨量的一半,据长江上四个
水文站的报告,当月的降雨量超过2英尺。[2] 到了8月1日,长江洪峰开
始通过湖北、湖南和江西。青藏高原融化的雪水更让长江流域雪上加
霜,雪水与河水汇合,沿长江奔流而下,冲决了长江大堤。

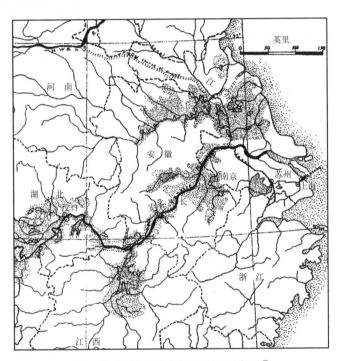

图4.1 1931年水灾影响地区示意图[3]

---

① 苏柯仁:《中国的洪水灾害》,《中国美术杂志》,第15卷,第4期(1931年10月),第168—
169页。
② 金陵大学农学院林学系:《中国1931年的洪水——一项经济考察》,南京:金陵大学,1932年,
第8页。
③ 该图转自柯乐博《中国洪水:一个全国性灾难》,《地理学报》,第31卷,第5期(1932年5月),
第200页。

8 月 19 日,长江洪峰到达汉口,水位超过 53 英尺,平均超过大堤 5.6 英尺。① 这时候,大多数汉口居民已经逃离家园或转移到地势高的地方。武汉三镇(汉口、武汉[武昌]、汉阳)的居民可能注意到和尚的警告,因为前一段时间,汉口的一个龙王庙被莫名其妙地毁坏了,和尚由此预言武汉城将彻底毁灭。② 更有可能的是,长江水位不断上涨,给即将发生的洪水提前敲响了警钟。长江洪峰在经过重庆两周后到达汉口,但是,洪水对汉口造成的破坏却是巨大的。第一波洪峰过后,两层以下的楼房就被洪水冲得支离破碎,那些没办法撤离的市民不得不在贯穿城市的铁道路堤上避难。3 万多人挤在这个六英里长的孤岛上。当洪水最终淹没铁路线时,一部分避难者乘小船转移到附近的山丘上,有些躲在高层楼里,其他的则栖身在树枝上。③

汉口以下的长江洪水同样十分严重,洪峰于 9 月 16 日到达南京。在长江水位上涨的同时,北面的淮河也一样遭到大暴雨的袭击。淮河最终通过淮河、运河、黄河交错的水网入海,此时,整个水网已经达到泄洪极限,河堤开始溃决。8 月 25 日晚,在大运河咆哮的洪水的巨大压力下,高邮湖附近的土堤轰然倒塌,20 万人在睡梦中被洪水夺去了生命。

整个淮河流域的生命损失是巨大的。长江蜿蜒于崇山峻岭之间,淮河则不同,所流经之地皆为冲积平原。洪水到来时,人们很难找到躲避洪水的高地。据报道,尽管死于这次洪水的有数百万人,但也有很多人利用生活在运河水乡的日常便利条件,躲过了洪水之劫,他们利用平时运粮的小船在洪水中生存了下来。④ 那些没有能力或者不愿意带着家眷逃难的农民,匆忙之间扎个木筏或干脆拿出洗澡盆,甚至把装殓死人的

---

① 乔治·G.斯托比:《1931 年中国中原地区的特大洪水》,《教务杂志》,第 63 卷,第 11 期(1932 年 11 月),第 669 页。

② 柯乐博:《中国洪水:一个全国性的灾难事件》,《地理学报》,第 31 卷,第 5 期(1932 年 5 月),第 199 页。

③ 同上,第 205 页。

④ 陶修(音译):《民国时期经济研究》,南希大学博士论文,1936 年 3 月,第 105 页。

棺材腾空,拼命地寻求一线生机。[①]

截至1931年8月,各村、县的教育、商务和农民代表关于洪水和损失的报告,雪片似地呈送到中央政府。在初步了解了洪水带来的灾难后,各地迅即展开救灾活动。尽管国际组织和全国性组织也提供了救灾援助,但一开始的救灾主要是各地方开展的。在汉口,当地居民募集80万元救灾款(物资),建立了救灾服务站,安置灾民30万人。[②] 其他民间机构,比如佛教会、红卐字会等,也向灾民提供力所能及的援助。[③] 国际组织,比如红十字会、国际义赈会也积极地参与救灾,其中国际义赈会一直在华中地区开展救灾工作。政府部门,像省建设委员会,也立即开始组织救灾,尽管由于资源所限,其救灾范围仅限于紧急救援。

到了8月1日,南京国民政府已很清楚这一次洪灾的严重性了。尽 64 管最严重的破坏还没有发生,比如8月25日江苏境内高邮湖的溃堤,但各地的报告都认为"受灾面积和受灾程度百年未遇"[④]。南京国民政府的委员认为,抵御洪水的最好办法是中央统筹协调救灾工作。作为新成立的国民政府,南京深知其在代表新中国的权威方面地位还不稳固,因此急于展示其应对水灾的领导能力。由此,这次洪灾成了一个高度政治化的事件。同时,由于这次水灾波及的大多是国民党统治最坚固的地区,因而加速了国民政府的应急反应。另外,共产党正在江西省站稳脚跟,而江西省的很多地区也遭受了水灾。如果国民政府能向江西的受灾民众表达救助的愿望,那么将使该地区的民众对国民党产生良好的印象。因此,根据行政院的命令,8月14日成立了国民政府救济水灾委员会(NFRC),主要任务是处理"救急、安置和建设等事宜,防止未来再次发生这类灾难,利用一切可利用的资源,发挥专家的智慧,务必重视救急、安

① 柯乐博,第202页。
② 乔治·斯托比,第679页。
③ 国民政府救济水灾委员会:《国民政府救济水灾委员会报告书》(无出版社,1933年),第65页("国民政府救济水灾委员会报告书",以下简称RNFRC)。
④ 同上,第11页。

置和建设并使之取得成效"①。国民政府救济水灾委员会执行委员会包括国民政府的几名要员,时任行政院副院长宋子文被任命为国民政府救济水灾委员会委员长,五人执行委员会的其他成员分别是:孔祥熙(实业部部长)、刘尚清(内政部部长)、许世英(国民政府赈务委员会委员长)及在上海赋闲的辛亥元老朱庆澜将军。

国民政府于 8 月 22 日批准了国民政府救济水灾委员会的机构框架。除了同意成立由五人组成的执行委员会外,国民政府还同意救济水灾委员会设立秘书处和联络、调查、财务、会计稽核、运输、卫生防疫、灾区工作等七个组。同时,还成立了多个分委员会,邀请"中外知名人士"参加。②

国民政府救济水灾委员会从其行政管理机构设置和早期的活动开展上,就积极寻求与在华国际组织和机构合作,争取国外的支持。根据委员会的官方报告,委员会认为,领导和负责这样大的行政管理任务需要一个经验丰富的人来协调委员会的整体工作。经与国联协商,委员会取得了约翰·霍普·辛普森(John Hope Simpson)爵士的支持,辛普森是英国人,曾在印度开展过救灾工作,第一次世界大战后在国联的支持下帮助希腊难民从土耳其回国。③ 吸引约翰·霍普·辛普森参加委员会的救灾工作,是国民政府救济水灾委员会为促进救灾国际合作而进行的系列努力的第一个措施。另外,国民政府救济水灾委员会还邀请一些在华外国企业负责人和政府高官做委员。在委员会的 170 名个人成员中,有上海商会和太古洋行的代表以及盐务稽核总所会办等。④ 吸收外国机构的人员参与救灾并给予他们足够的展示空间,一直是国民政府救济水灾委员会坚持的一个战略考虑。

---

① 引自行政院成立国民政府救济水灾委员会的文件,RNFRC,第 11 页。
② 国民政府救济水灾委员会:《国民政府救济水灾委员会工作实录》(上海,1932 年),第 7 页。("国民政府救济水灾委员会工作实录"以下简称 WNFRC)。
③《国民政府救济水灾委员会工作实录》,第 7 页。
④ 见 RNFRC 外国成员名单;另见中国第二历史档案馆,档案号:579:1。

美麦借款和洪灾调查

国民政府救济水灾委员会第一次会议于 1931 年 9 月 9 日召开。宋子文要求委员会把重点放在最迫切的救灾资金问题上。国民政府已发行盐业债券 200 万美元用于紧急赈灾，这笔款项在国民政府救济水灾委员会成立以前已拨付国民政府赈务委员会。然而，这笔资金对于整个救灾来说无异于杯水车薪。由于中央政府财政拮据，"国水委"①财务组便发起捐款活动，经批准，"国水委"财务组要求所有的政府人员都要捐出工资的一部分（具体比例不详）用于救灾。另外，还向中国和外国知名人士、海外华人华侨发出特别倡议，鼓励成立"国水委"分委会，募集救灾资金。各方反应迅速，第一周就募捐资金 100 万元。单笔捐款从美国红字会的 40 多万元到"苏州狱中死罪定谳之犯人尚捐一元者"②不等。尽管到 1933 年 3 月，"国水委"最终收到捐款 7,459,817.46 元，但从各地发来的报告看，仍然需要更多的救灾款。

作为"国水委"财务组负责人，财政部长宋子文开始和美国代表谈判从美国大批量购进小麦事宜。美国人对此非常积极，为了应对美国经济萧条，特别是美国中西部农业州的严重经济危机，美国政府急于出售大宗小麦。9 月 25 日，中国政府和美国粮食平价委员会（经联邦农商部批准）达成了购买美国西部生产的二号白麦 45 万吨的协议。

尽管美国粮食平价委员会绝对认为这笔买卖是促进其工作的一个难得的机遇，但依然不满足，还要讨价还价，要求增加更多对美国有利的条款。最终的购买协议规定，所购买的小麦，一半以面粉的形式运往中国。这一规定除了给大萧条中的美国面粉厂工人提供了更多的就业机

---

① 国民政府救济水灾委员会简称"国水委"。——译者注
② 关于单位和个人捐款情况，见《收到捐款清单》（国民政府救济水灾委员会财务组，1932 年）；
　　关于 1 元捐助的故事，见 RNFRC，第 14 页。

会外,还提出在美麦和美面粉运输中优先考虑使用美国的货轮,而且装运办法应由美国驻上海商务官员主核确定。尽管这一购买合约中美国附加了诸多要求,但中国急需粮食,因此就答应了这些条款。的确,直到几个月后,中国发现购买美国小麦的成本大大增加,才向美方提出交涉。购买合约的第二款规定:"美麦的每次价格以起运口岸签发提单日之市价为准"①。由于中国购买大宗美国小麦,美国商品交易所的小麦价格大幅攀升(从 9 月 9 日的每蒲式耳 0.465 美元上升到 10 月 27 日的 0.57 美元)。② 美国贸易公司祥茂洋行的上海代表向"国水委"官员指出了美麦购买合约中导致小麦高价的失误,但是没有证据表明"国水委"官员要与美方就合约条款进行谈判。尽管美麦购买合约中存在这种不正常现象,但这批美麦对于中国赈灾却是非常关键的。③

为了对美麦贷款进行担保,筹集美麦贷款运作日程业务经费,"国水委"不得不寻求开辟国内经费来源。9 月 11 日,国民政府以盐税收入作保,批准发行赈灾公债 8,000 万元。但是,日本于 9 月 18 日侵占沈阳,战事很快蔓延到中国东部各省。受此影响,中国债券市场马上陷入低靡,人们对赈灾债券的浮动深表担忧。为了寻求其他的资金解决办法,国民政府决定实行海关附加税,以代替赈灾公债,海关附加税一直实施到美麦借款还清之日方才停止。④

"国水委"面临的第二项任务是对受灾地区进行全面调查。"国水委"委员长 10 月 16 日致信邀请约翰·洛辛·卜凯(John Loessing Buck)参加洪灾调查。卜凯在中国和美国都很有知名度,他曾指导金陵

---

① 见《A.伊夫雷致 A.P.魏信函》(1931 年 10 月 29 日),中国第二历史档案馆,档案号:579:6;另见《华北每日新闻》的相关报道(1931 年 10 月 10 日),第 18 版。
② 价格见《A.伊夫雷致 A.P.魏信函》(1931 年 10 月 29 日),中国第二历史档案馆,档案号:579:6。
③ RNFRC,第 17—18 页。
④ 同上,第 18—19 页。

大学农业经济系开展过农村土地利用情况的调查。[①] 在这次洪灾调查中,"国水委"为了解洪灾的范围,向13个受灾地区派遣了调查人员。调查人员与地方慈善机构进行合作,请地方慈善机构帮助发放、统计调查问卷。[②] 这次调查本来是要调查整个受灾地区的,但是由于湖北以及部分湖南和安徽地区的匪患,调查问卷不可能涵盖所有受灾地区。[③] 卜凯还通过飞行员查尔斯·林白(Charles Lindbergh)夫妇的空中勘察扩大调查范围。[④] 国民政府请求林白协助调查,蒋介石也给林白写了亲笔信,希望林白在空中用胶卷记录下洪灾情况,这样做的主要目的是希望美国在这一特大水灾中向中国受灾地区提供更多的援助。总起来说,"国水委"对国外的慈善援助是失望的。对于这次救灾捐助少的原因,一般的解释是美国经济萧条、中国"内战"不休以及"很多美国人认为既然联邦农商部已经增加了对中国的贷款,那么个人就不再有什么救助的义务了"[⑤]。

　　洪灾调查数据的收集和整理工作于1932年1月完成,这些统计数据揭示了洪灾危害的严重程度。受灾家庭420万户(受灾地区共有790万户),受灾人口2,500万人,"几乎相当于美国农业人口的总数"[⑥]。洪灾对家庭财产和整个农业经济的影响都是巨大的。其他调查数据也反映了洪水的危害程度,40%的灾民被迫背井离乡,房屋被洪水浸泡平均51天,受灾地区洪水深达9英尺,等等。更能反映洪灾情况的是那些家庭财产损失的数据。卜凯早在1930年进行的研究显示,每户平均年收入为300美元左右,而1931年,由于洪灾,每户平均损失457美元,是年

---

① 见约翰·洛辛·卜凯:《中国农业经济:对中国17个地区和7个省2,866个农场的研究》,芝加哥:芝加哥大学出版社,1930年;另见其《中国的土地利用》,南京:金陵大学出版社,1937年。

② 金陵大学农学院林学系:《1931年的洪水》,第5—6页。

③ 同上,第6页。

④ 乔治·斯托比,第680页。

⑤《E.C.罗伯斯特恩致国民政府救济水灾委员会劝募委员杜月笙信函》,中国第二历史档案馆,档案号:579:1。

⑥ 同上,第10页。

表 4.1　每户和全部农业损失(元)一览表①

受灾内容	每户平均损失	全部损失
受淹农作物	215	911,000,000
房屋	108	457,000,000
役畜	33	137,000,000
农具	28	120,200,000
储粮	19	79,600,000
衣被	16	69,100,000
燃料	14	58,900,000
家具	13	54,200,000
牲畜	7	30,000,000
秣草	4	15,400,000

均收入的 150% 以上。②

　　如果这些调查数据还不足以说明洪水影响的程度的话,那么各地向中央政府呈递的受灾报告和赈灾请求,完全能够反映出水灾的严重情况。(江苏)阜宁县"受灾代表"的报告称,连日暴雨导致秋收无望,小麦、玉米和稻米等储粮变质发霉,茫茫洪水中,"尸体随波沉浮"。报告还称,灾民聚集在河堤上,寻找尸体,挑出骨头用来生火,有的灾民找来那些走失的孩子,用这些孩子换取吃的。③ 安徽的报告也描绘了同样的景象,洪灾幸存者啃树皮,卖儿鬻女。"国水委"的一名安徽代表在报告中说:"亲眼看到父母吃他们死去孩子的肉。"在给约翰·霍普·辛普森的一份标

68

①《E.C.罗伯斯特恩致国民政府救济水灾委员会劝募委员杜月笙信函》,中国第二历史档案馆,档案号:579:1,第11—20页。

② 同上,第10—32页。

③《阜宁县赈灾代表呈中央政府报告》,中国第二历史档案馆,档案号:1(1):2005;关于水灾的其他报告,见中国第二历史档案馆,档案号:1(1):2004。

明"不公开"的报告中，"国水委"的代表证实了人吃人的其他案例。①

随着调查结果的公布和第一手报告的增多，赈灾任务的艰巨性越来越明显。相应地，"国水委"在 10 月中旬完成其组织结构框架，开始进行赈灾、组织灾后恢复工作，一直忙碌到 1932 年的夏天。

救灾、修复和重建

成立国民政府救济水灾委员会反映了国民政府的理念，即中央统一管理、指导国家的经济事宜。从传统上看，赈灾和其他社会福利事业主要是地方上的事，士绅和其他地方名流一直把维护本地区的社会福利事业作为自己的社会职责。1931 年洪水刚发生时，地方的赈灾活动就是在这样的传统体制下进行的。② 国民政府救济水灾委员会的救灾工作体现了国民政府希望把管理职能延伸到地方层次的愿望。有人认为国民政府的这一赈灾行为是国民党政权向中国传统政治结构下层管理权限的侵犯，事实上，这次洪水是扩大中央政权的一次机遇。③

在国民政府救济水灾委员会的第一次全体会议上，宋子文说："我们要抛弃旧的洪水赈灾方式，提出新的办法，尽可能采取最好的政策。"④ "国水委"的赈灾目标包括三个方面：

第一，我们要尽最大努力对灾民进行救急，给灾民提供食物、住处和医疗保障。第二，一旦洪水有所减退，我们要将堤坝修复至原

---

① 《安徽北部水灾情况——摘自蚌埠地区检察官 A.G.罗宾逊先生致辛普森爵士信函（1932 年 4 月 13 日）》，中国第二历史档案馆，档案号：579:31；安徽水灾的其他报告，见中国第二历史档案馆，档案号：1(1):2009、中国第二历史档案馆，档案号：1(1):2011。
② 同上，第 38 页。在利用贷款形式进行急赈的地区，地主提供了贷款的 2/5，商人提供了 1/5。尽管国民政府在成立救济水灾委员会时就提供了 7% 的急赈款，但是其余的钱均来自地方（县政府、省政府、村负责人、士绅和传统救济组织等）。
③ 关于民国时期华北地区中央管理渗入地方政治结构的方式和效果，参见杜赞奇《文化、权力与国家：1900—1942 年的华北农村》，斯坦福：斯坦福大学出版社，1988 年。
④ RNFRC，第 21 页。

样……第三，在洪水退去以后，我们集中足够的资源，帮助农民春耕，只要有可能，就帮助他们重建家园。①

在"国水委"成立时设立的七个组中，灾区工作组负责紧急赈灾、工程和以工代赈、家园重建这三个方面的工作。为此，在灾区工作组内部设立了三个对应的机构，并邀请中外知名人士负责这三个机构的行政管理工作。

69 省级救灾组织

在组织赈灾的工作中，"国水委"与省级和地方机构的有机合作也是非常关键的，这些合作取得了不同程度的成功。在江苏，省赈灾机构和"国水委"开展了比较愉快的合作。在湖南、湖北和安徽等其他省份，由于这些地区的政权有较大的独立性，因此，反映在救灾工作中，这些地区的赈灾机构也体现出较大的独立性。

在湖北，"国水委"努力对该地区的赈灾救急和以工代赈加强行政管理。"国水委"和湖北省水灾善后委员会的关系不是那么融洽，充斥着争吵和意见分歧。据说，湖北省水灾善后委员会抱怨说，在向湖北分配多少美麦方面，"国水委"不提供确切的信息。② 因此，湖北省建立了独立的赈灾机构，并希望保持行政管理上的独立，但也想和"国水委"维持一定的关系。③ 从"国水委"方面来说，它愿意给湖北省一定的自主权，但要求对堤坝工程保持技术上的管理权力，对美麦以及赈灾资金分配保持监督和审计的权力。"国水委"提出要派一名代表到湖北省协助赈灾，但这一建议没有得到热烈响应……当地对外界插手赈灾工作猜忌重重，任何监管都要通过司法渠道解决。④

在湖南，由于水利管理体制的地方差异以及湖南保持自治的强烈愿

---

① RNFRC，第21—22页。
②③④《汉口赈灾组织纪要》，中国第二历史档案馆，档案号：579：6。

望，"国水委"的赈灾工作遇到了阻碍。在"国水委"实施的各省以工代赈方案中，主要大堤(或跨省公用大堤)是由灾区工作组的美麦贷款进行修复的，那些小型的省级大堤则由本省自掏腰包进行修复。可是，湖南没有公用大堤。所有堤坝，不论大小，都是省级的。湖南省要求美麦贷款应该用于促进所有的堤坝重建。湖南省还要求美美贷款不能当做修建堤坝的"薪金"，而应作为贷款在两年后偿还。[①]

在解决湖南省提出的问题上，"国水委"在行政管理上下放了很多权力。事实上，湖南省水灾善后委员会副委员长全权负责应急赈灾、以工代赈以及家园重建工作(在正式的"国水委"组织机构内，由三个不同的部门负责)。另外，所有湖南省的工程师都由他管理，美麦贷款的分配也由他掌握。湖南省水灾善后委员会并不反对"国水委"提出的从南京派员审计账目和美麦分配的要求，但是提出"这些南京派员不得干涉美麦的分配，不得干涉地方善后委员会关于美麦的使用安排"。针对湖南提出的这些要求，"国水委"尽最大努力参与该省的赈灾工作，但是实际上已没有任何办法维持其对湖南省紧急赈灾和以工代赈的行政和技术管理。[②]

急赈、运粮和工赈

根据卜凯主持的洪灾调查，估计有 40% 的灾民被迫离乡背井。9 月中旬，"国水委"接管了由地方政府或全国赈务委员会等赈灾组织建立的灾民收容所。收容所建在洪水中幸存的寺庙、教堂、学校和其他公共建筑内。设在汉阳的黑山收容所尤其体现了收容所及其管理的变迁。黑山是躲避洪水的一个天然避难所，乘着小帆板的难民聚集在此，用任何所能找到的未被泥水损坏的布条，搭建起简易的避难棚。到 9 月初，黑

---

①②《湖南灾区赈灾备忘录》(约翰·霍普·辛普森)，中国第二历史档案馆，档案号：579:6。

山上已经聚集了数千名灾民,卫生状况极端恶化,到处堆满了废弃物,传染病在快速蔓延,数以百计的人开始死亡。10月份,"国水委"正式接管了这里的难民营,开始从"国水委"下属的几个补给站向黑山运送救济品。另外,还在黑山接通了自来水,建立了一家医院和一所小学。

尽管黑山等地收容所的条件有所改善,但灾民的死亡依然是个大问题。逃离洪水的灾民身体虚弱,难以抵御收容所的恶劣环境。由于食品供应缺乏,因此对那些需要特别营养的难民没有办法做出安排。不论各人情况如何,灾民只能给予预定数量的食品。江西省收容所里的2万灾民到了12月底,死亡的有十分之一,这反映了大多收容所的状况。①

到11月中旬,物资处各分供应站利用美麦办了数百个粥棚。在安徽北部的几个县,设立了110个粥棚,每日领粥的灾民平均最少有7,000人。各地粥棚的供应量有所不同,但一般每人可以得到6—8盎司面粉的粥,有的还可以再增加少量的米饭,在大多数长江流域,情况基本上如此。根据"国水委"的报告,在设立粥棚的地方,每日可供应灾民20.4万人到22万人。②

71   维持急赈和工赈的关键因素是美麦。根据美国粮食平价委员会和中国政府最初签署的协议,1931年9月和10月起运9万吨美麦,11月到1932年2月再起运7.5万吨美麦。然而,由于商定详细条款和大洋风暴,第一批美麦直到11月19日才装船起运。装载美麦的船只抵达上海后,"国水委"灾区工作组负责分装运输。这些袋装的美麦用小货轮经长江航线运往内港,或通过船运和铁路运到"国水委"设在淮河流域的救灾物资供应站。然后,物资处负责将美麦分到17个供应站,然后由供应站

---

① 《湖南灾区赈灾备忘录》(约翰·霍普·辛普森),中国第二历史档案馆,档案号:579:6,第74—75页。
② 同上,第76—77页。

再分配到 192 个分供应站或供应点,由急赈处或工赈处将美麦分发给灾民。① 总起来说,最初几个月的美麦运输、分发按计划进行,没出什么意外。不过,有一个地区经常遇到麻烦,这就是长江中游地区,运输美麦的船只不时受到土匪或红军的袭击。另外,在汉水北部地区,由于需要雇用武装人员押运,运输成本太高,因此几次运粮也不得不放弃。②

随着急赈和运粮的进行,工赈处开始组织修建堤坝。在 1931 年 9 月 9 日召开的"国水委"第一次全体会议上,宋子文强调政府资金有限,提出堤坝修建限于恢复原样。③ 根据宋子文的讲话精神,"国水委"没有足够的经费增高堤坝,以抵御将来再次发生同样严重的洪水。因此,工赈处将重点放在修复大运河、长江、淮河和汉水的主要大堤上④,小型堤坝的修复则由各省和地方负责。

洪水对灾区大部分农民造成了影响,因此"国水委"决定灾区农民应该成为堤坝修复的主要劳力,以恢复灾民自己的家园。为此,"国水委"以美麦支付农民修建堤坝的劳动。⑤

经过初步勘察,工赈处确定了主要河堤的决口地点,按各河系流域大小和灾情轻重,划分了 18 个区,以协调堤坝修复,其中长江(扬子江)7 个区,淮河 3 个区,汉水 2 个区,大运河 1 个区。每个区由一名工程师负责,并配备 2 名助理工程师、几名技术助理和一个小规模的工作班子。为了争取各省参与堤坝修复,其中一名助理工程师由相关省份任命。区以下又视工程大小分为 8—10 个段,由助理工程师负责工程进度、经费、纪律和赈金等。⑥ 最小的行政管理单位是团,每段分为 10 个团。团是基本的工程单位,每团有灾工 500 人,分为 20 个排,各设一个排头,负责具

72

---

① RNFRC,第 24—42 页。

② 同上,第 45 页。

③《工程与工赈工作回顾》,中国第二历史档案馆,档案号:579:5。

④ WNFRC,第 18 页。

⑤ 乔治·斯托比,第 670—671 页。

⑥ RNFRC,第 118 页。

体工作和日常管理。① 排头的工作非常重要,因为这是将行政命令传达到灾工的最后一个环节。很多情况下,这些排头的选择受多种因素的影响。在安徽北部的一个水利工段,就反映了这种情况。据报告,那个工段的排头并不是真正的灾民,而是医生、商人等……其中第 2 团第 4 排的排头姓王,是一名医生。他好几天都不在工地,而是自己在行医。②

组织河工是一项十分艰巨的任务。各灾区由于情况不一样,因此常常造成河工冗余或短缺。使问题更复杂的还有农民对政府大型水利工程的普遍不信任。从历史上来说,大型公共工程是由征募河工完成的。实施这些工程往往会出现人员伤亡,这对广大农民来说都有深刻的记忆。为此,"国水委"在各区的负责人要求相关县的县长协助组织河工。通过采取强化河工安全和实行行政命令等措施,河工征用官员从各村的村委会和赈灾团体那里得到灾民名单。每征用 25 人,就"择其能者"为排头,然后由排头带领到具体的工地。就这样,河工征用官员在受灾的地区一个村挨一个村地跑。③ 然而,河工征用也不是没有问题。在安徽北部的淮河地区,河工征用的程序就不得当。在那里,县长依赖行政部门的处长去征用河工。据说,这些处长征用的河工都是和自己有关系的人,而真正的灾民却没有机会。④ 在长江流域,灾工平时的主食是大米,因此不愿意要麦粉作为赈金。在这些地区,还需要将灾工从一个地区转移到另一个地区。但本地的负责人和农民对外来灾工怀有疑虑,因此反对这项措施。⑤ 在淮河流域一些条件极为艰苦的地区,申请工赈的人数远远超过工赈处确定的数额,而在其他受灾严重的地区,由于劳力缺乏,

---

① RNFRC,第 119 页。
② 参见巡视员关于凤阳、蚌埠等地致朱庆澜报告备忘录(1932 年 4 月 15 日),中国第二历史档案馆,档案号:579:31。
③ RNFRC,第 119—122 页。
④ 参见巡视员关于凤阳、蚌埠等地致朱庆澜报告备忘录(1932 年 4 月 15 日),中国第二历史档案馆,档案号:579:31。
⑤ RNFRC,第 123 页。

妇女甚至都要参加工赈。[1]

堤坝修复工程需要根据各段工程师和团负责人的要求不断进行调整。美麦的发放标准为每 100 立方英尺的土方 25 分。在有些地区,考虑到携带困难或不同的饮食习惯,工赈处同意用现金代替美麦支付灾工。另外,意大利政府作为庚子赔款而答应提供的灾工用具直到第二年1 月才运到,因此就鼓励灾工在新工具来到之前先自带工具。后来,即便是意大利提供的工具运来了,灾工也愿意使用自己的,因为他们感到使用意大利的工具不顺手,因此就常常将其丢弃一旁。[2]

洪灾中的新年

工赈一直持续到新年开始。在 1931 年 12 月和 1932 年 1 月,尽管日本轰炸机在上海上空轰鸣盘旋,但美麦运输的速度却在加快。到 1932年 1 月 31 日,中美协议的美麦将近一半已经运抵上海。[3]

然而,把美麦运送到中国内地却困难重重。在汉水、长江附近的湖北、湖南和江西等省,反政府武装不断袭击运粮船只,致使运粮屡屡失败。在湖北的一个地区,共产党军队控制着美麦的管理。"国水委"的官员要得到共产党领导的批准才能进行堤坝建设和美麦分发工作。据"国水委"的官方报告,有些试图抗拒共产党管理的"国水委"工作人员被"绑架,或者被杀害"[4]。

洪水在 1932 年初慢慢退去,工赈处开始遣散收容所的灾民。这一次湖北又出了问题。在共产党控制的地区,很多收容所变成了半永久性的居住地。根据"国水委"的报告,很多难民并不是洪水灾民,而是逃避红军的难民。当宣布要关闭收容所时,很多难民非常绝望,因为他们无

---

① RNFRC,第 123 页。

② 同上,第 126—128 页。

③ 同上,第 25 页。

④ 同上,第 137 页。

家可归,他们的土地被红军充公、重新分配了。[1]

1932 年 1 月、2 月、3 月是堤坝修复最紧张的月份。大多数美麦已经运抵中国,灾区工程定于春末雨季到来之前结束。这次水利修复被认为是可以和中国古代伟大的治河工程相媲美的一项公共工程,有 100 万人参加,"国水委"说堤坝建设长度可绕地球一圈。[2]

然而,据各工赈区的报告,"国水委"在制定和管理工赈方面所取得的进展由于地区不同而存在差异。在江苏省,工赈和堤坝建设都比较顺利。可在湖南就不一样,湖南省政府一直保留着相当的自治权,因此坚持工赈和修堤由自己管理。

74　　　工赈中存在的问题主要是地方官员的腐败和违法行为。在 6 月初的一次检查中,发现高邮湖附近的河堤修复工作由于没钱早就停工了。那一段河堤的累计费用(包括美麦)已经达到 13 万美元,几乎是预算 7.4 万美元的两倍。针对工程造价虚高和经费短缺问题展开的调查,最终查到河段负责人和河段总会计(河段负责人妻子的亲戚)的头上。据报道,这两个人由于鸦片成瘾而盗用公款。另外,该河段各团的会计掌握着工赈经费,他们都是河段负责人的亲戚。据报道,该河段负责人利用工赈经费携家到北京游玩。报告还说,该河段负责人插手鼓动排头虚报工程,冒领赈款。[3]

在安徽省,工赈区的报告反映了很多工赈管理中存在的问题。总起来说,工赈的主要问题集中在美麦的发放上。检查报告记录了很多如何偷美麦的办法,当事人大多是船员和救灾品供应站负责人,小到私卖几袋美麦,大到偷盗几吨麦粉。报告还特别记录了排头虚报土方、冒领大

---

① RNFRC,第 73—74 页;另见 WNFRC,第 16 页。

② RNFRC,第 23 页。

③ 参见巡视员关于高邮、扬州地区赈务工作的检查报告(1932 年 6 月 7 日),中国第二历史档案馆,档案号:579:31。

量美麦的不良行为。①

　　湖南的工赈一直都存在着问题。不光安徽省发生了偷盗、贪污等问题，湖南的社会问题更加严重。共产党的宣传和湖南省的不配合，使得工赈效率低下。不仅排头和供应站负责人像安徽省那样有虚报、冒领的问题，而且工赈团长、区长、县长和地方士绅也影响了工赈的顺利进行。在黄州有这样一个案子，灾民威胁把"国水委"的代表绑起来，扔到河里去。"国水委"代表向地方官员和警察抗议，但他们置若罔闻。这件事发生后，一名地方法院官员、该区工赈团长、一名地方商会负责人以及一名党办人员在武装士兵和灾民的簇拥下，来到赈灾供应站。这些人总数有100 人之多，代表了当地的各个阶层，他们聚集在供应站，强行把 100 袋美麦给拿走了。②"国水委"的一个检察官提交的报告中称：地方政府本来应该保护供应站，而现在发生的这种不良现象昭示了未来工赈的困难。③尽管导致这种行为发生的原因还不清楚，但检察官认为湖南的这种现状会对"国水委"的赈灾工作带来难以估量的不利影响。

赈灾完成和使命结束

　　根据"国水委"的原定计划，急赈工作将于 1932 年 3 月结束。但是由于安徽和江苏的灾情严重，这些地区的赈灾工作一直持续到春收以后。因此，直到 7 月 1 日，急赈处的大部分工作才告结束。在 10 个月的时间里，"国水委"向 269 个县的 100 多万灾民进行了急赈。④ 截至此时，急赈处的灾区工作大部分已经完成，不过很多大型河堤修复项目以及其他工程还未结束，特别是淮河流域的项目和工程没有完成。"国水委"在安徽和江苏的

①见《国民政府救济水灾委员会视察安徽、湖南、湖北、江苏、山东各省受灾现实情况报告》里面关于安徽省的视察报告，中国第二历史档案馆，档案号：579:31。
②③"关于黄州救护分站致朱庆澜将军备忘录，1932 年 4 月 24 日"，中国第二历史档案馆，档案号：579:31。
④ RNFRC，第 189—190 页。

河堤修复工作一直持续到 8 月 31 日,这个时候,国民政府成立全国经济委员会,并由全国经济委员会接管了"国水委"未完成的工作。[①]

到了春末,洪水基本退去,一些地方可以播种了。在"国水委"的最初计划中,要在各省建立农垦局,并在各县建立农垦分局,帮助农民恢复被淹农田的农业生产。另外,还要组织互助会,最终成立农业合作社。但是,由于官方报告中不便明说的原因,"国水委"没能完成自己的计划。[②]

小　结

尽管投入了巨大的人力、物力,这次水灾对于国民政府巩固政权统治却创造了机遇。首先,"国水委"建立了全国水利行政管理的基础,此后将职能移交给 1932 年成立的全国经济委员会。其次,赈灾工作为国民政府把政权统治向地方延伸提供了机会。

"国水委"的赈灾工作在不同地区取得了不同的进展。在江苏,由于"国水委"组织的地方管理机构运作效率高,赈灾工作相对比较顺利。在安徽、湖南和湖北,赈灾工作则差强人意。在这些省份,"国水委"竭力加强对地方赈灾的行政管理,而地方官员则竭力维护自己的赈灾自主权。"国水委"的这一赈灾实践也预示了将来实施淮河水利工程的可能性和局限性。

最后,这次水灾进一步强化了国民政府对治淮必要性和紧迫性的认识。而且,安徽和江苏两个省份不断敦促国民政府将重点从淮河管理转向洪水防御,这对导淮委员会根据现代水利科学制定的导淮工程计划,是个很大的挑战。

---

① RNFRC,第 188 页。
② 参见易劳逸《流产的革命:1927—1937 年国民党统治下的中国》,剑桥:东亚研究所,1974 年。

第五章 激流交锋：淮河行政管理的集中和分散（1931—1935）

对国民党政府来说，1931 年是一个既困难又关键的年份，这一年发生的事件从很多方面使得 1931 年成为"南京十年"（1927—1937）中第二个关键的节点。由于蒋介石领导下的国民政府在北伐以后通过清洗共产党放弃了国民党以前的革命主张，因此 1927 年成为"南京十年"第一个重要的节点。北伐和镇压共产党之后，国民政府统一了华中、华南的大部分地区。1931 年可能没有 1927 年那样惊心动魄，但对国民党未来的统治产生了深远的影响。1931 年发生的水灾使国民政府财政吃紧，长江和淮河下游地区的农业遭受重创。此外，日本对满洲的侵略以及对上海的冬季轰炸也使得中国的进一步统一更加艰难。12 月，由于日本侵略满洲，中国人民要求团结抗日的呼声高涨，作为汪精卫领导的广东反对派参加 1932 年初国民政府重组的条件，蒋介石被迫辞职，宣布下野。

这些事件发生的国际环境是全球经济大萧条。同时，日本关东军在满洲挑起事端，包括中国在内的各国代表聚集伦敦，召开世界经济会议，讨论遏制经济国家主义倾向，繁荣国际贸易。

这些国内和国际政治、经济势力，总体上为国民政府的经济建设项目，特别是对 1931 年后的淮河治理，创造了有利的环境。1932 年重组后 ⁸⁰

的国民政府体现了以汪精卫为首的"国民党左派"的影响在扩大,把新政府称之为"汪蒋联合"可能有些夸大其词,因为蒋介石依然通过其政治心腹和党的机器控制着军队。但是,在政府重组后,汪精卫通过与宋子文合作也具有了相当的政治实力,提出与蒋介石不同的经济发展思路。这种经济发展思路的不同反映在新成立的全国经济委员会上,该委员会的目的是通过促进农业和市场经济,推动现代工业的发展。概而言之,就是通过增加农业领域的收入,为发展现代工业开辟国内市场。

全国经济委员会的建立及其目标的设定,是在世界经济萧条的形势下应运而生的,与其他国家采取的措施相似。作为一个统筹性的经济计划和协调机构,全国经济委员会和其他国家的相关机构有着类似的职能,因为国家对经济的干预对于实现资源的优化配置和利用非常必要。国民政府还设立了一个全国经济委员会的姊妹机构,这就是由蒋介石支持建立的全国资源委员会。但是这两个机构并不一样,因为两个机构的管理理念不同。当然,正如我们所分析的,蒋介石也不是完全反对全国经济委员会提出的经济管理模式,他曾批准同意导淮委员会提出的导淮工程计划。不过,1931年以后,蒋介石越来越倾向于优先发展满足军事需要的重工业。

除了致力于开拓国际市场和吸引国际投资,全国经济委员会和全国资源委员会这两个重要机构还积极应对日本侵略满洲后越来越加剧的国家危机,但是所采取的方式有所不同。全国资源委员会强调做好军事准备,而全国经济委员会通过经济领域的结构调整极力加强国内统一。

在这种体制发展背景下,导淮委员会的角色是模糊的,最终反映了国民政府内部不同政治派别的势力。一方面,从行政管理体制上,导淮委员会已并入全国经济委员会,这对于导淮委员会很重要,因为导淮委员会能够把淮河治理工程与整个建设计划的其他工程更加有效地结合起来。的确,在很多人包括技术专家看来,这一合并对于有效管理和协调水利工作至关重要。另一方面,尽管依法进行了合并,事实上,导淮委

员会仍然越来越独立,而且个人控制的色彩很浓。特别是,陈果夫是蒋 *81*
介石的重要政治心腹和国民党事务中的关键人物,在他的领导下,导淮
委员会并没有更多地融入到中央机构当中,而是成为陈果夫主政的江苏
省政府的附属部门。这种管理体制的演变对淮河水利工程的实施产生
了很大影响。

水灾后的体制发展和计划实施

1931 年最终批准导淮工程计划以后,导淮委员会基本上就停止了运
行,个中原因不仅是由于爆发了洪水,还因为缺乏资金。不过,水灾过
后,国民政府对导淮委员会的管理依然采取了很多重大措施,加速了导
淮工程计划的实施。首先,陈果夫被任命为导淮委员会副委员长,沈百
先被任命为秘书处处长。其次,扩大全国经济委员会的管理职能,从而
获得了中英庚子赔款的资金。最后,全国经济委员会支持导淮委员会和
国联开展技术合作。

陈果夫和沈百先分别于 1932 年被任命为导淮委员会副委员长和秘
书处处长。陈果夫是蒋介石的长期政治同盟,他在孙中山 1925 年去世
后,积极支持蒋介石取得国民党的领导权,并在国民党党务组织方面努
力辅佐蒋介石。蒋介石在 1926 年成为国民革命军总司令后,举荐陈果
夫任国民党组织部部长,而作为组织部部长的陈果夫,在蒋介石 1927 年
以后控制国民党党支部和党员方面发挥了关键作用。[①] 在 1926 年底,陈
果夫在江西省协助组建了"反布尔什维克联盟",并与担任国民党安全特
务机构负责人的弟弟陈立夫互为犄角。尽管陈果夫、陈立夫兄弟俩在
"南京十年"期间担任过很多职务,但是最重要的是国民党的组织工作,
兄弟俩及其追随者因此赢得了"组织派"的绰号。除了党务活动,陈果夫

---

① 关于陈果夫生平,见詹姆斯·薛利丹《分裂的中国:中国历史上的民国时期,1912—1949》,纽
   约:自由出版社,1975 年。

还在担任导淮委员会副委员长的同时,担任江苏省政府主席。

沈百先和陈果夫是亲戚,与江苏省政府的关系也很密切。在担任导淮委员会秘书处处长的同时,沈百先还是江苏省政府委员和江苏省建设厅厅长。沈百先在河海工程专门学校参加过水利工程师培训,在科罗拉多大学接受过水利工程高等教育。根据陈果夫的回忆录,不管是从个人感情还是专业技术上,陈果夫和沈百先的关系都很密切。陈果夫认为,他关于水利管理和水利专业的知识来自于沈百先。[①]

82 为了实施导淮工程计划,陈果夫和导淮委员会面临的第一个任务是找钱,他采用的是北伐前就曾经讨论过的办法。

1922年,英国政府决定把剩下的庚子赔款还给中国,用于发展教育和其他有益的事业。1925年,三名英国代表和三名中国代表组成代表团,在中国讨论庚子赔款归还的安排事宜,建议1,100万英镑的庚款分两种方式归还中国:① 作为短期投入,每年以资助的方式归还15—35万英镑;② 作为长期投入,建立350—520万英镑的投资基金,主要投资生产建设事业。双方代表建议,短期直接资助主要用于农业教育、科学研究、公共卫生,长期投入主要用于铁路建设和水利工程,特别是淮河治理。[②]

1922年以后的几年里,庚子赔款的归还几乎没有任何进展。直到1930年,中国政府才和英国政府达成协议,所有庚子赔款归还给中国政府,并用来支持长期发展项目,改善中国的经济基础设施,并以利息贷款的方式进行投入。中英双方成立董事会,指导资金的投入。管理中英庚款董事会的共有10名中方董事、5名英方董事。行政院要求根据专门用途分配庚款,其中铁路投资占66%,水利投资占33%。投资水利建设的

---

① 《从治淮谈到水利问题》,见陈果夫《陈果夫先生全集》,台北:近代中国出版社,1991年,第238—239页。

② 王树槐:《庚子赔款》,台北:中央研究院近代史研究所,1985年,第540—541页;《中国年鉴》(1933),纳德林:克劳斯-汤普森出版社,1968,第15卷,第496—497页。

部分,行政院要求其中 40%的资金用于淮河水利建设(其余的水利资金,珠江占 20%,黄河占 13.3%,实业部占 13.3%,建设委员会占 13.3%)。[①]这些投资将以贷款的形式进行投入。庚款董事会还有一个重要的要求,即申请贷款的中国政府机构要为归还利息和本金提供担保。对导淮委员会来说,这成为一个极其重要的问题,因为导淮委员会不是一个赢利机构。在导淮工程计划中,导淮委员会就工程给中央政府带来的收益进行了核算,这些预期收入包括增加的土地税收和船运附加费等,但是这些收入将直接送缴中央国库,而不是给导淮委员会。

为了符合庚款董事会设定的条件,导淮委员会在 1932 年修订了自己的章程,使之成为可以获得收入的机构。根据国民政府 1932 年 10 月颁布的《修正导淮委员会组织法》,所有淮河水利工程附近的土地、所有 [83] 复垦的土地以及所有受惠于水利工程的土地,都由导淮委员会负责管理。[②] 实际上,这些规定意味着,导淮委员会对于土地使用、土地测量和土地登记具有行政管理权限,最重要的是,具有了土地收入的管理权。为了管理土地,导淮委员会设立了土地处,并在江苏省设立了三个地区土地局(其中两个在废黄河沿线,一个在高邮湖附近,主要是服务淮河入江工程)。[③] 由于对章程进行了修订,导淮委员会具备了向庚款董事会提供担保的能力,便以泗阳和宿迁县废黄河附近的土地作担保,贷款 250万元,启动了淮河入海第一期工程。第一期工程的重点是开挖一条河道(疏浚张福河),将洪泽湖湖水引到下一步要疏浚的废黄河。这一工程标志着放弃了原定先实施淮河入江的导淮工程计划。首先启动导淮入海工程的决定是在江苏省官员的不断施压下做出的,1931 年水灾发生后,江苏省官员敦促立即采取防洪措施。这一决定反映了导淮委员会逐渐

---

① 王树槐:《庚子赔款》,第 468—474 页;《中国年鉴》(1935),纳德林:克劳斯-汤普森出版社,1968,第 17 卷,第 518 页。

②《修正导淮委员会组织法》(1932 年 10 月),中国第二历史档案馆,档案号:1:3281。

③《导淮委员会整理淮河流域土地办法纲要》(1933 年 9 月),中国第二历史档案馆,档案号:1:3281。

与江苏省政府的水利目标合流的趋势，这一趋势是导淮委员会领导层与江苏省之间关系密切的结果。

有了获取庚款资金的先例以后，导淮委员会开始关注整个导淮工程计划的资金筹措问题。由于行政管理权限的扩大，导淮委员会再一次获得庚款经费。但是，还有一个获得经费的途径，这就是争取国际水利专家对导淮工程计划的技术认可。这一国际技术咨询活动是在全国经济委员会的支持下开展的。

尽管1932年全国经济委员会仍然处于筹备阶段，还没有获得对导淮委员会的行政管理权限，但仍然邀请了三名专家对1931年制定的导淮工程计划进行评估。事实上，由于全国经济委员会职能的扩大（见下述），其主要任务之一就是在建设项目上争取国外的技术援助。1931年初，国民政府邀请国联经济和金融组以及运输与交通组的组长到中国考察，并对建设项目提出意见。此后不久，国联和全国经济委员会建立了正式的技术合作框架。① 1931年3月，全国经济委员会的宋子文致函国联运输与交通组，邀请派技术专家来华研究水利问题。国联经济和金融组1931年5月末在日内瓦召开的第16次会议上接受了宋子文的邀请，并授权其顾问和技术委员会指派三名水利管理方面的专家，组织技术委员会到中国考察，就淮河治理以及华北水利和上海港口的发展等问题，向中国政府提出建议。就淮河治理而言，国外技术专家的任务是："以其可自由发表意见或修正工程计划之资格，及时给导淮委员会提供指导，劝其采用最优良之技术方案。"②

国联技术委员会的成员有法国道路桥梁总工程师潘利尔（L. Perrier）、伦敦城市建设顾问工程师高德（A. T. Coode）以及汉堡港务局局长西维京（William Sieveking），他们于1932年1月抵达中国，先后到

---

① 见《全国经济委员会》(1934年)，中国第二历史档案馆，档案号：44：78。
② 《国联专家考察导淮报告书》(1933年3月)，第1—2页，中国第二历史档案馆，档案号：44：1718。

洪泽湖、黄河故道以及大运河等地,对淮河流域进行考察。在审阅北洋政府时期的所有治淮方案以及导淮委员会的导淮工程计划后,该技术委员会提出:"同人等深觉枢纽所在,厥维尽量利用洪泽湖蓄水,庶可得一切实利。"[1]国联技术委员会还认为,增加洪泽湖蓄水这一办法可以在丰水期有效地防洪,同时在雨量减少之季帮助满足灌溉和航运的需要。在审查淮河工程计划之后,国联技术委员会认可了导淮委员会关于洪泽湖最大泄洪量 15,000 立方/秒的计算,认为如果再加上入江的淮水,足以抵御各种洪水。与此相应,国联技术委员会还提出,经过对淮河入海水道的认真研究,这一导淮入海工程"未见有何可用之经济或完善方法,俾得采取此等路线以应导治之主要目的,故除将来或可采用入海水道以排泄一小部分洪水为一种增进安全之方法外,同人等觉此项计划无庸更加考虑也"[2]。

国联技术委员会提交的技术报告支持李仪祉和导淮委员会其他技术专家提出的淮水全部入江的建议,否决了淮河治理中的淮河入海水道计划,因为地方政治势力主要关切江苏省的利益。但陈果夫继续坚持实施导淮入海工程,而且事实上,这项工程已经开始实施了。

为了尊重外国专家委员会的技术报告,同时也为了争取更多的庚款经费,导淮委员会制定了《两年施工计划》,这一计划主要是根据 1931 年的《导淮工程计划》修订的,同时吸取了国联技术委员会的建议。[3]

这一两年施工计划总投资为 1,380 万元,不过,计划还详细列入了航运、灌溉、防洪和复垦等带来的效益。在提交中英庚款委员会董事会的报告中,导淮委员会提出,"西谚云:'交通乃文明之母',交通不畅是淮

85

------

[1]《国联工程专家考察导淮报告书》(1933 年 3 月),第 3 页,中国第二历史档案馆,档案号:44:1718。

[2] 同上,第 8 页。

[3]《两年治淮工程计划》,台湾中央研究院近代史研究所,检索号:2707:16;另见英文版《两年治淮工程计划及其效益》,台湾中央研究院近代史研究所,检索号:2707:16。

河流域落后的原因之一"。① 如果将航路疏通北至陇海线,东至黄河,南至长江,那么"淮河流域的农产品和矿产品以及上海的商品就可以便利地经由这些水道往返运输"②。由于航运能力提高,国家税收也将提高,每年可增加收入100万元(按年3.6亿吨公里航运量、每吨公里0.003元计算)。关于灌溉,工程计划提出,在现有条件下,由于干旱,里下河地区有800万亩田地不能耕种,工程完成后,整个里下河地区(1,400万亩)都可以进行灌溉。关于防洪,根据工程计划的计算,工程完成后,通过增加新的水利设施,诸如1916年和1931年的洪水损失可以避免或大幅降低。最后,工程计划详细论证了高宝湖的涸垦,工程完成后,高宝湖将不再用做蓄水库。淮河入江水道扩大泄洪能力后,将使高宝湖干涸,实现复垦土地约100万亩,这些土地的价值将达到3,000万元,另外粮食收成每年将达到400万元。海岸附近的盐池复垦也会由于淡水灌溉和土壤析碱而大为受益。③

由于这项工程计划得到国联的支持,导淮委员会向庚款董事会申请更多的经费。在1933—1935年期间,董事会批准了导淮委员会的三笔贷款申请,其中第一笔资金用于张福河疏浚工程(108万元),第二笔资金用于淮河入江口上三个船闸的建设(217万元),第三笔资金,也是截至当时最大的一笔资金,用于实施两年施工计划(930万元)。在论证第三个工程项目时,庚款董事会邀请时任黄浦江水利委员会总工程师赫伯特·查德理(Herbert Chatley)博士对项目建议进行审查,并对贷款担保发表意见。查德理的审查报告原则上同意这一项目建议的技术优势,但是提出,项目的总造价被低估了,而所带来的效益"被显著夸大"④。在向庚款

①②《两年治淮工程计划》,台湾中央研究院近代史研究所,检索号:2707:16;另见英文版《两年治淮工程计划及其效益》,台湾中央研究院近代史研究所,检索号:2707:16。
③ 同上;关于土地复垦计划的更多内容,参见《初期整理淮河流域土地方案》,台湾中央研究院近代史研究所,检索号:27-07:15。
④《查德理顾问查看导淮工程报告书》,台湾中央研究院近代史研究所,检索号:2702-2。这份报告书的英文版也收入其中。

董事会递交的申请中,导淮委员会提出用运河每年以 0.003 元/吨公里
收取的 75 万元支付贷款利息(这笔收入比最初的《两年施工计划》要
低)。这笔贷款是以废黄河沿线的公地出售做担保的,公地价值在2,000
多万元。查德理认可通过运河收费支付利息的计算,但是对于导淮委员
会能否从旧黄河流域地区的土地出售中拿到钱,持保留意见。除了这点
担心,查德理还说行政管理将会由于水利建设工地上现有居民房产价
格、省政府的土地租金提成以及开发现有荒地成本等问题,而变得复杂
起来。查德理说他完全不清楚万一导淮委员会不能还贷,董事会将如何
收回贷款。他最后建议,可以用通行税来对贷款利息和本金做担保,但
还需要财政部提供某种形式的担保。① 查德理的审查报告发表不久,导
淮委员会就成功地获得了这些担保。

　　到了 1934 年底,导淮委员会就获得了足够的庚款,再加上一些小额
商业贷款,满足了两年工程 1,380 万元造价的需求。1934 年 7 月 27 日,
导淮委员会与经英国政府授权的庚款董事会签署了疏浚张福河以及在
淮阴、邵伯和刘老闸修建三个船闸的庚款贷款协议,贷款总额为 325 万
元,以工程完成后所征收的航运货捐做担保。两笔贷款的年息以 5 厘
计,从 1937 年开始还本金,分 15 年还清。② 两年工程合同的贷款总额为
930 万元,贷款协议于 1935 年签署,随即庚款董事会向导淮委员会提供
经费 600 万元,其中 212 万元用于从英国购进建筑材料。这笔贷款(600
万元)以大运河的隶金做担保,年息 5 厘,支付给贷款管理委员会,该贷
款管理委员会成员包括导淮委员会、庚款董事会、财政部和审计署的代
表以及沙逊洋行的一名代表。③ 这一贷款管理委员会中之所以有沙逊洋

---

① 《查德理顾问查看导淮工程报告书》,台湾中央研究院近代史研究所,检索号:2702 - 2。
② 见《导淮委员会建设邵伯、淮阴、刘老闸贷款合同》,台湾中央研究院近代史研究所,检索号:
　　27 - 04:150;《中英庚款贷款合同》,台湾中央研究院近代史研究所,检索号:27 - 04:150。
③ 关于贷款详情,参见《导淮委员会完成两年水利项目贷款合同》,台湾中央研究院近代史研究
　　所,检索号:27 - 04:150;关于贷款管理委员会的性质,参见《关于导淮委员会贷款管理委员
　　会的规定》(1935 年 1 月 17 日)。

行的代表,是因为该银行在导淮委员会和庚款董事会的合作框架中向导淮委员会投了一笔商业贷款。庚款董事会同意在 1937—1945 年间向导淮委员会提供淮河治理援助经费,并同意导淮委员会以此援助经费做担保,向沙逊洋行贷款 327.8 万元。这一贷款到位了 95%,利息 6%,到 1945 年还清本金。[①] 正如查德理给庚款董事会所提的建议,财政部是这笔贷款和其他庚款贷款的最终担保者。

87

对导淮委员会来说,中英庚款贷款是不可或缺的。考察导淮委员会 1928—1934 年的经费,就会发现这些贷款是导淮委员会仅有的大笔资金来源。总体上看,中央财政的直接拨款很少。1928 年,国民政府每月仅拨付导淮委员会 3 万元。1929—1933 年期间,国民政府要求财政部每年拨给导淮委员会 155 万元,但年底只有一小部分经费到位。导淮委员会不得不从总司令部寻求另外的经费,但是由于蒋介石剿共和抗日经费的增加,这个经费来源也没有了。这一时期由于中央拨款减少,导淮委员会只能维持日常的行政工作。

1931 年水灾以后,导淮委员会的经费状况似乎有所好转。中央划拨的建设计划资金开始增加。比如,1934 年财政预算中的建设项目列支 3,417 万元,淮河治理占其中的 29%,也就是约 980 万元。1935 年,中央政府批准的财政预算也大抵相当。不过,导淮委员会却从来没有得到过这些经费。导淮委员会正式并入全国经济委员会以后,才获得了另一个资金来源,但是经费也很有限(1934—1935 年期间为 88.2 万元)。[②]

淮河治理的其他资金来源有商业贷款、政府债券、土地附加税和租金,但这些都非常有限。1937 年日本侵华以前,导淮委员会就以淮河流域的公用地做担保,开始进行商业贷款。沙逊洋行的贷款协议就是这样

---

① 《导淮委员会与沙逊洋行合同》,台湾中央研究院近代史研究所,检索号:27 - 04:150;另见导淮委员会和沙逊洋行代表的多次信函沟通,台湾中央研究院近代史研究所,检索号:27 - 04:152。

② 见《导淮委员会历年各项经济收支情况表》(1929—1936),中国第二历史档案馆,档案号:1:3282;另见黄丽生,第 240—243 页。

签署的成功先例。1935 年 7 月,导淮委员会用泗阳县的 17,600 亩复垦土地做担保,向江苏农业银行贷款 9 万元,用于土地测量。1937 年,导淮委员会用泗阳县其他的复垦土地做担保,从南京的五家银行贷款 200 万元,主要用于垦殖淮阴、宝应、高邮和江都等县的土地,贷款本金和利息由导淮委员会通过收取土地登记费和出租费偿还。[①] 尽管这种形式的金融借贷有保证,但商业贷款的总数依然很小。另一种形式的金融借贷是 1931 年水灾中所采用的,这就是政府债券。江苏省通过发行政府债券,筹集导淮入海工程的建设经费(下一章讨论),但导淮委员会没有采用这种办法。

总起来说,中国帝制时代的大型水利工程项目的资金投入来自省或中央财政,这一经费的来源一般是土地税、土地水利附加税和商品税、交通税、商会税等其他各种各样的税。土地水利附加税在有防洪、灌溉和水运的地区普遍进行征收,而且这些附加税的收入往往超过正常的土地税。国民政府时期,1934 年废除了厘金,减少了各种苛捐杂税,但也使淮河治理缺少了经费来源。北洋政府时期一些省份自己收取的税,比如"25 县附加税",尚未动用,就被导淮委员会拿去使用了。不过,这些经费依然很少,总数不超过 50 万元。

导淮委员会的最后一个经费来源是其掌握的土地的租金。导淮委员会成立土地整理处不仅是为了管理土地垦殖,而且是为了收取租金。为了促进与地方的合作,任命县长为导淮委员会的协助委员。不过,土地整理处在最初的两年里遇到很多困难,雇用的人员由于多来自地方,因此存在各种形式的敲诈勒索。1935 年,导淮委员会增加了土地整理处的人员编制,派代表直接去管理土地垦殖和收取租金。通过减少中间环节的费用,导淮委员会的土地租金有了很大增长,不过以这种形式筹集

88

---

① 黄丽生,第 226 页。

的经费仍然十分有限。[①]

全国水利行政管理的统一

　　随着导淮委员会向国联寻求技术建议以及努力募集两年治淮计划资金,加强全国水利行政管理统一的呼声越来越高。正如前面所谈到的,"国水委"撤消后,灾后重建的行政管理工作交由全国经济委员会负责。成立全国经济委员会的计划早在水灾以前就已经开始酝酿,并于1931 年 5 月得到国民政府的批准。蒋介石在 1931 年 11 月 15 日召开的全国经济委员会第一次全体会议上说,全国经济委员会的职责是统筹考虑建设计划,选择最急迫的项目,协调一致,确定优先发展顺序,尽快制定一个从 1932 年开始的三年综合发展计划。[②] 在 1931—1933 年期间,国民政府设立了行政院下辖的全国经济委员会筹备办公室,蒋介石和宋子文分别担任全国经济委员的委员长和副委员长。[③] 然而,这两年期间,全国经济委员会的工作几乎没有什么进展,导淮委员会和全国经济委员会之间的关系也依旧模糊不清。

　　同时,地方势力和中国水利工程学会等专业组织积极倡议建立全国水利行政管理机构。尽管国民政府建立了很多覆盖江河流域的水利行政管理机构,比如导淮委员会,但每个管理机构的职能均不相同,这从赋予导淮委员会更多的管理职能中可以看出来。另外,很多呼吁建立中央水利行政管理机构的上呈报告中指出,现有的任何一个水利管理机构都不能做好协调工作,因为工程和资金是分部门管理的。导淮委员会的水利工程师李仪祉等呈请建立中央水利行政管理机构,特别指出水利行政

---

① 关于设立地方土地处的更多情况,见黄丽生,第 232 页。
②《拉赫曼报告》(国联理事会关于其专家委员会从任命之日至 1934 年 4 月 1 日在中国活动的报告),《中国年鉴》(1934 年),第 16 卷,第 762 页。
③ 秦汾:《全国经济委员会》,中国第二历史档案馆,档案号:44(2):78。

管理职能分散在不同部门的情况。[1]

　　针对这些呼声,中央政治委员会和内政部通过了成立全国水利行政管理机关的决议。[2] 在 1932 年 12 月,全国行政委员会第二次会议批准了这项建议。[3] 蒋介石和内政部部长黄绍竑在《蒋委员中正、黄委员绍竑关于改组全国水利行政机关提案》中提出,中国历史上一直都强调加强全国水利行政管理,从大禹起,每个朝代都有一个统一的水利行政管理机构,他们认为国民政府水利管理职能分散,财政资源分配不合理,建议加强中央水利统一管理。[4] 这一提案要求建立一个暂且命名为全国水利局的机构,对防洪、航运设施、灌溉和水力发电等进行综合规划,协调管理,该机构隶属于行政院。现有的水利管理机构,比如导淮委员会,要修订其管理职责,更名为"专局"。各专局负责项目实施,全国经济委员会下属的全国水利局负责经费和技术人员招聘事宜。不跨省的河道的管理在全国水利局或就近的"专局"的监督、指导下,由各省建设厅负责。[5]

　　正如《全国水利行政组织法》草案中所反映的,有几个问题影响了全国水利行政管理的真正统一,这些问题与经费、行政权力密切相关。中央政治委员会委员的意见非常清楚地揭示出了这些问题,首先是拟成立的全国水利局的行政隶属问题。《全国水利行政组织法》草案建议让全 ⁹⁰ 国水利局隶属于行政院,但是有几个中央政治局委员认为,这一机构的职权范围太大,应该直接由国民政府管辖。但是更重要的问题还有地方

---

[1] 见李仪祉呈中央政府书(1931 年 9 月),中国第二历史档案馆,档案号:1:5319;《统一全国水利行政计划意见书》,中国第二历史档案馆,档案号:1:3257;《全国水利建设计划书》(中国水利工程学会起草)(1937 年 5 月),中国第二历史档案馆,档案号:1:5366。

[2] 见《内政部致行政院函》(1932 年 9 月 9 日),中国第二历史档案馆,档案号:44:277;另见《最近 20 年水利行政概况》,《水利月刊》,第 6 卷,第 3 期(1934 年 3 月),第 208 页。

[3]《水利月刊》,第 6 卷,第 3 期(1934 年 3 月),第 208 页。

[4]《蒋委员中正、黄委员绍竑关于改组全国水利行政机关提案》,中国第二历史档案馆,档案号:44:277。

[5]《全国水利组织法草案》,中国第二历史档案馆,档案号:44:277。

政府在各"专局"(比如淮河水利局)中应发挥什么作用的问题。《全国水利行政组织法》草案提出在各个地区成立监督委员会,委员为地方士绅,负责监督各专局的工作。该"组织法"草案这一条款的规定不明确,但又进一步提出在"必要时",监督委员会可以对地方专局行使行政和管理权力。对此,中央政治委员会于1932年召开专门会议,王柏龄在会上做了发言。他在发言中指出,成立由士绅组成的监督委员会主要是考虑到很多水利工程项目是由地方财政资助的,因此,地方政府就希望在水利行政管理上有一定的参与权。[1] 参加这次中央政治委员会会议的其他人员谈到这种管理将来可能遇到的瓶颈,认为监督委员会的存在会使水利行政管理的权限模糊不清。其他与会人员还认为地方士绅没有监督地方水利机关的专业技术知识。[2] 的确,中央政治委员会关心的一个重要问题是促进新的水利管理机构的专业化。这一新的水利管理机构的组建方案提出,要派任工程人员,并让他们与国家公务人员享受同等的待遇。有人认为技术专家会抗拒政治权威,因此反对派任技术专家到水利管理机构工作。尽管如此,国民政府依然实行了工程技术人员派任政策,但在政府的任命书中通过合约形式明确了他们的责任。[3]

然而,在讨论新组建的国家水利管理机构时,中央政治委员会面临的最大问题是经费问题。关于设立全国水利行政管理机构的提案中提出,新的地方水利"专局"的经费来自现有各水利委员会的预算。比如,导淮委员会的运转预算转移到新成立的淮河水利局(隶属于全国水利局)。另外,该提案还提出,中央财政对全国水利局新增加的经费可以根据需要拨付给地方水利专局。全国水利局的经费来自以前用于水利调查以及其他部门进行水利管理的经费(这些经费过去分配到具有不同水利行政管理职能的部门)。[4]

[1][2]《第319次政治会议各委员对于改组全国水利行政机关意见记录》,中国第二历史档案馆,档案号:44:277。
[3][4] 见《全国水利组织法草案》,中国第二历史档案馆,档案号:44:277。

很明显,资金问题制约着建立新的中央水利管理机构的可能性。王柏龄认为,新的中央水利管理机构的组织办法只是把现有不多的资源简单地集中在一起,这只是一个文字游戏罢了,因为把现有水利委员会的名字改一下,然后重组为附属性的专局,不会带来什么好处,关键的经费问题一如从前。甘乃先赞同王柏龄的意见,说现有水利委员会没有足够的业务活动经费,仅有基本的行政资金。他认为要想进行有意义的改革,必须寻找新的资金渠道,建议各地方专局的行政经费由中央拨款,而业务经费和项目经费则由中央水利管理机构根据需要提出分配建议。[①] 然而,显而易见的是,这些经费从中央财政是根本拿不到的。

中央政治委员会会议上的意见明确了建设中央水利管理机构、"强化水利经费和人员集中管理"的必要性,但是地方利益问题以及经费短缺问题阻碍着中央政治委员会以一种简明的方式成立一个统一的水利管理机构,因此,中央政治委员会认为这一问题"太复杂",需要征求其他部委的意见。[②]

全国水利管理机构:全国经济委员会

中央政治委员会批准建立一个统一的国家水利行政管理机构后不久,全国经济委员会在1933年年中开始了一系列的机构重组,扩大了对水利工作以及其他围绕振兴农业经济而开展的建设活动的行政管理。1931年成立全国经济委员会时,宋子文和汪精卫都把该委员会看做监督农业领域投资的协调机构,而事实上,这一委员会正式的行政职能却模棱两可。根据1933年批准的新的组织法,全国经济委员会成为一个超部级机构,负责由中央财政支持的建设项目的规划和监管。

---

①②《第 319 次政治会议各委员对于改组全国水利行政机关意见记录》,中国第二历史档案馆,档案号:44;277。

全国经济委员会由一个常务委员会领导，常委会成员有宋子文、汪精卫(行政院院长)、孙科(立法院院长)、蒋介石(军事委员会主席)和孔祥熙(行政院副院长兼财政部部长)。[1] 全国经济委员会有以下几方面的职能：

> 一是运输和交通设施，比如那些投资小、见效快的公路建设。二是农业赈灾，比如防洪防旱、调查泄洪、河道疏浚、水利灌溉、改善农产品质量、提高农业产量以及改善农民的卫生状况、提高劳动效率，所有这一切都和农业建设以及农民的生活水平有关系。三是促进生产建设，比如棉纺织和丝绸业，这都是国家的重要生产活动……本委员会要对这三项内容给予高度的重视。但是，由于建设资金有限，为了有效地解决问题，必须根据现实需要确定适宜的原则，特此决定：1) 集中资金，用于一小部分建设项目，以取得集中重点之效。2) 重点建设项目应该在特定的地区进行，避免管理涣散……所有的管理都要服从于一个目标，这就是将建设项目分为道路建设、水利建设、农村建设、棉纺织业治理、丝绸工业发展以及卫生设施六个方面。[2]

正如组织结构图(见下页)[3]所示，全国经济委员会的职能主要是推动农业经济的发展。

总起来说，全国经济委员会不参与建设项目的具体管理，唯一的例外是在江西和西北地区，全国经济委员会在这些地区开展了大量工作，因为中央政府希望经济委员会能够在以前的江西苏区促进社会重建工

---

[1]《中国年鉴》(1935—1936)，纳德林：克劳斯-汤普森出版社，1968 年，第 294—295 页；另见《修正全国经济委员会组织条例》(1933 年 9 月 23 日)，中国第二历史档案馆，档案号：44：568。

[2]《全国经济委员会报告》(1934 年 12 月)，上海社会科学院汇编。

[3] 组织结构图复制于《中国年鉴(1935—1936)》，纳德林：克劳斯—汤普森出版社，1968 年，第 296 页。

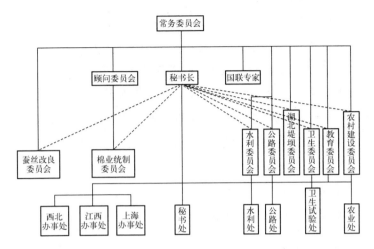

表5.1　全国经济委员会组织机构一览表

程。除此以外,全国经济委员会基本上是一个规划和协调机构。

1934年12月,国民政府要求导淮委员会并入全国经济委员会,这一命令是根据《统一水利行政及事业办法纲要》和《统一水利行政事业进行办法》做出的,这两个政策规定于1934年7月由中央行政委员会和中央政治委员会批准通过,其主要内容如下:

● 以全国经济委员会为全国水利总机关,各部会有关水利事项之职掌统归全国经济委员会办理;

● 各省水利行政由建设厅主管,各县水利行政由县政府主管,受中央水利总机关之指挥、监督。水利关涉两省以上者,由中央水利总机关统筹办理,水利关涉两县以上者,由建设厅统筹办理;

● 原有国库负担之各水利机关经费,按照预算所列总数,统由全国经济委员会总领统筹转发;

● 各海关水利附加税已特定用途外,一律拨归中央水利总机关作水利建设基金,并另借拨英庚款为材料专款;

● 技术人员及仪器设备由中央水利总机关集中支配;

● 由全国经济委员会延聘现在有关统一水利人员组成水利委

员会;

● 水利计划统由中央水利总机关集中办理;

● 各项水利计划先经国民政府核准者仍照案进行;

● 中央总预算内自二十三年度起,年列中央水利事业费600万元,准由全国经济委员会按月申请统筹支配;

● 各省县水利事业经费应由各省县自筹,各省原有修防经费等仍由各省照旧负担;

● 各水利机关经中央指定之款或经筹集之款项及已办之工程,仍应按照原定程序积极进行。①

94　　　新的水利管理机构的最后重组反映出,一开始遇到的那些问题大部分都得到了解决。首先,关于对地方士绅参与水利项目监管的担心已得到解决,因为所有中央财政或关税支持的项目都必须得到全国经济委员会下属的新的水利处的批准和监管,省、县的项目由各省、各县的建设厅(局)负责。其次,项目资助问题也通过条款进行了明确,即水利处的经费来自中央政府,这解除了中央政治委员会委员们早期的担心,这些委员曾说,如果没有新的经费投入,任何机构重组都是在做表面文章,因为所有项目的资金均来自重组前的各地方委员会(而这些经费是很有限的)。

　　　在水利方面,全国经济委员会从组织机构上包括一个水利处和一个下属的水利委员会。水利处包括中央和省的有关领导,其职能是审查水利委员会提交的项目,然后再将这些项目呈送全国经济委员会进行最终的审批。水利委员会有四个内设机构:① 水利行政处,负责水利法规和人事;② 规划处,负责工程计划监督和项目支出审批以及技术标准制定;③ 工程处,负责水利设施的维护和管理以及水利调查、监督等;④ 测绘

---

① 见《统一水利行政及事业办法大纲,和统一水利行政事业进行办法》,中国第二历史档案馆,档案号:44:277。

处。① 简而言之,水利委员会是水利处下属的一个技术分委员会,其工作人员均为接受过水利和民用工程培训的技术人员。在这个机构内,导淮委员会负责水利工程项目的实施。

尽管全国经济委员会和导淮委员会各自的行政管理职能在法律上是明确的,但两者的关系在实际操作中并不明确,而是含混不清,因为根据全国经济委员会的组织法,地区性的水利管理委员会要继续管理其在新的水利管理机构成立前,已经获得经费并开始实施的水利工程项目。导淮委员会因为要管理 1932 年获得的庚款经费,因此将继续独立实施庚款水利项目。

导淮委员会没有真正并入中央直接管理的规划部门(全国经济委员会),这也反映了 1931 年以后,国民政府内部越来越严重的政治对立。国民政府重组后,国民党中的汪精卫派加入国民政府,汪精卫和其他的"国民党左派"有相当的政治影响,能够从体制上推进实施他们基于发展农业进而促进现代工业增长的思路。在汪精卫和陈公博以及宋子文的领导下,国民政府建立了全国经济委员会,并负责棉纺和丝绸生产、农村合作、道路建设以及水利设施的规划、协调和发展。尽管蒋介石 1931 年以前确实把淮河水利作为服务现代工业发展的措施,但由于日本在 1931 年侵略满洲,蒋介石被迫把优先发展重点转向重工业。蒋介石成立了全国资源委员会,这也是一个超部级的政府规划部门,负责协调重工业的发展,以满足国防之需。全国经济委员会和全国资源委员会代表着两个不同的发展走向,反映着国民政府内部存在的政治分歧。导淮委员会的主要任务和政策重点与全国经济委员会的目标比较一致,但是导淮委员会的领导和全国经济委员会的领导政见不同,使得这两个部门的利益不可能完全一致。由此造成的后果是,导淮委员会依旧保持独立。更准确地说,尽管导淮委员会从性质、法

96

---

① 见《全国经济委员会职员录》,中国第二历史档案馆,档案号:44:72。

规上隶属于全国经济委员会,但它越来越成为陈果夫的个人王国,这从陈果夫在淮河入江工程完成之前就启动导淮入海工程一事中可以看出来。导淮入海工程与最初的中英庚款资金所支持的导淮工程计划,即两年施工计划,以及国联技术专家的建议有直接的矛盾之处。事实上,导淮入海工程于 1934 年全面开工,这标志着导淮委员会在很大程度上已经成为陈果夫担任政府主席、沈百先担任建设厅厅长的江苏省政府的附属机构。

人　事

1931 年以后,导淮委员会在体制发展上呈现出以下几个方面的特点:第一,成功地获得了国外的资金和技术援助。第二,尽管中央政府积极统一全国水利管理,但导淮委员会逐步演变成江苏省政府的一个机构。第三,导淮委员会从中国越来越壮大的水利专家队伍中招聘了一大批技术人员。导淮委员会行政管理机构内部这种缺乏连续性的职能角色的发展,反映了国民政府时期的公务员体制建设和专家技术人员,与之前的几十年相比,呈不断扩大的趋势。[①]

经过水灾以后的机构调整,导淮委员会必须采用新的公务员任命体制。随着导淮委员会在级别上由部级转为全国经济委员会的下属机构,其人员任命中也体现出了这种变化。这一新的公务员任命体制主要是针对中高级人员,目的是让政府任命体制更加专业化,增加人员任命的法律效力。主任和副主任被定为特派(公务员一级),其他委员会成员被定为简派(公务员二级)。总务处、土地处和工务处的负责人以及再低一级的人员参照其他两个级别的标准确定,从而形成了公务员体系的四个等级。

97

---

① 关于国民政府时期公务员制度的演变情况,见朱丽亚・施特劳斯(Julia Strauss):《软弱政治下的强硬体制:1927—1940 年中国的人事政策与国家建设》,未刊稿。

表5.2 导淮委员会人事组织结构一览表①

单位/职位	任命等级	人 数
主任	特派(公务员一级)	1
副主任	特派	1
委员会委员	简派(公务员二级)	20—26
一般事务——办公室主任	简任(公务员三级)	1
部门主管	简任	3—5
部门成员	委任(保管员四级)	18—24
现场办公室主任	简任	1
部门主管	简任	3—5
部门成员	委任	18—24
工程办公室	简任	1
高级工程师	简任 委任	5 6—8
副工程师	简任 委任	4 8—12
初级工程师	委任	30—50

　　导淮委员会的高层领导是国民党的一些要员,有陈仪、陈其采、陈立夫、陈果夫以及李仪祉、沈百先等专业技术工程师。尽管导淮委员会中政要人数超过专业技术人员的数量,但是后者的影响是很大的,这一点从导淮水利工程计划的实质中可以看出来。被任命为高等级公务员和担任政策规划职务的技术人员中,有导淮委员会的委员以及工务处处长和高级工程师,其中沈百先、李仪祉、须恺、林平一、汪胡祯都在美国或欧洲接受过高等教育。

①《修正导淮委员会组织法(1933年)》,中国第二历史档案馆,档案号:1:3281;另见《公务人员雇员薪俸及报表》(1938年),台湾中央研究院近代史研究所,检索号:27-03:14;关于导淮委员会工程处行政人员名单,见《工程处职员登记名单》(1932年),台湾中央研究院近代史研究所,检索号:27-03:4。

导淮委员会机关中的中下层人员,对应公务员系统的第三级和第四级,主要从事具体的工程项目工作。与北洋政府时期淮河水利管理机构相比,20世纪30年代导淮委员会人员的技术层次有了很大提高。

表5.3 导淮委员会中下层人员教育背景一览表①

所在办公室	毕业于学院/大学	毕业于培训机构	高中毕业	初中毕业	学历不详	总数
管理						
中层	7(38.9%)	9(50%)	2(11%)			18
下层	2(40%)	1(20%)	2(40%)			5
实地						
中层	3(100%)					3
下层	7(6%)	49(41.9%)	46(39%)	11(9.5%)	4(3.5%)	117
工程						
中层	26(63.5%)	11(26%)	2(2%)		2(2%)	41
下层	30(19%)	70(45%)	43(27.5%)	13(8%)		156

表5.4 1930—1935年浙江大学民用工程课程一览表

第一年	第二年	第三年	第四年
党的宗旨	党的宗旨	实地勘查	水力工程
军事训练	军事训练	建筑原理	污水处理工程
中文	英文	建筑设计	灌溉工程
英文	德文	铁路勘查	具体规划
微积分	二元数学	实用铁路勘查	电力工程原理
机械制图	应用力学	水力学	水利设计
摄影几何	机械运动	实用水文学	

① 该表与黄丽生(第177页)的数据有所出入;关于数据,包括中层人员的教育背景,见台湾中央研究院近代史研究所,检索号:27-03:06;关于1935—1937年期间雇用的土地测量人员(下层人员)的相关数据,见台湾中央研究院近代史研究所,检索号:27-03:24。

续　表

第一年	第二年	第三年	第四年
物理学	表面测量	钢筋混凝土	
实验物理学	实地测量	试验材料	
无机化学	地质学	管理工作	
实用无机化学	经济学原理	公路工程	
实用冶金学	水利调查	铁路工程	
体育	地质勘查	公路设计	
	实地勘查	固体设计	
	量力学		
	水文学		
	材料学		
	建筑材料		
	记账		

　　大多数中低层的工程技术人员都从中国大专院校设立的越来越多的工程系接受过专业教育。1935 年，共有 37 个高等教育机构开展民用或其他工程的学位教育。这些教育机构中有些是著名的院校，比如清华大学和后来并入国立中央大学、设在南京的水利学院前身水利工程专门学校。除了"党的宗旨"和"军事训练"课程以外，浙江大学开设的工程课程和西方国家的工程课程很相似。

　　与工务处需要受过专业教育的工程师形成对照的是，导淮委员会土地处聘用的大多是下层人员。除了土地测量，土地处的多数工作是土地登记、土地使用、家庭调查和土地租金收取，这类工作主要是事务性的，因此从事这类工作的大部分人员都没有接受过高等教育。1935 年，导淮委员会在淮安开设了土地测量人员短期培训班，这些受训人员后来都到导淮委员会从事土地测量工作。

中央和地方的合作

如前所述,导淮委员会和江苏省关系密切,这主要是因为陈果夫和沈百先两人都在导淮委员会和江苏省政府任职。因此,导淮委员会和其他省份的行政管理合作就成为了解国民政府统治合法性的一个指标。早在 1931—1932 年期间的"国水委"赈灾活动中,国民政府的行政管理局限性就暴露无遗,水灾过后,这种情况依旧没有大的改变。正如我们看到的,导淮委员会的工程计划侧重于在江苏省的淮河下游地区实施水利项目,这遭到安徽省的强烈反对。导淮委员会吸纳县长作为导淮委员会的协助委员,其目的是促进地方政府执行导淮委员会制定的政策,确保奖惩机制能够完全实行。在《评价地方官员水利合作规定》中,每个县长都要受到省政府和中央政府水利管理机构的指导和监督。这一时期,在安徽省,中央和地方的行政联合依然是纸上谈兵,而安徽省对于淮河的成功治理非常关键。尽管导淮工程计划的主要项目都向江苏省的淮河下游地区倾斜,但是安徽省有众多的淮河支流,也需要有效地实施导水入淮的水利工程,为导淮委员会规划的大型水利设施服务。比如,安徽省 1932 年实施肥河疏浚工程,肥河流经安徽的五个县,因此这一工程是由省政府统一指导实施的,除了一个县之外,其他四个县都参与了工程实施,那个没有参加的县认为疏浚的河道太宽,工程量太大,整个工程难以达到预期的效果。

小　结

1931 年发生的种种事件对于国民政府的建设大业有着重要的影响。由于国际贸易和国际投资急剧下滑,很多国家的政府都实行刺激本国经济发展的政策。面对这一国际背景,中国的经济规划者,比如宋子文,不再依靠国外投资促进工业发展,而是积极实行通过培育国内工业市场促进工业发展的政策,这个市场源于农业经济复苏后不断增长的购买力。反映在行政体制上,这一思路的落实就是成立全国经济委员会。1931年日本占领满洲后继续侵犯中国,这也强化了中国发展国内经济的需要。但是,日本的军事威胁以及日益高涨的中国民族主义情绪却在国民党的领导下产生了另外一个结果。如所周知,蒋介石以一种截然不同的经济发展思路应对来自国外的威胁,这就是加大军用/国防领域重工业的投入。

　　1931—1935年期间,导淮委员会的体制变迁反映出两个不同的趋势。第一,导淮委员会的政策重点表明,该委员会可以并入一个中央建设机构,也就是全国经济委员会。而且,1931年暴发的洪水为国民政府扩大中央水利管理,加强统治合法性提供了新的机遇。第二,尽管有这种强化水利中央管理的态势,但是截至1934年,导淮委员会却越来越自主、独立。在陈果夫的领导下,导淮委员会和江苏省协调一致,组织各种资源,实施导淮入海工程。

第六章　奔流到海：淮河水利工程的
　　　　　状况和资源配置

　　1934 年,淮河水利工程的两个主要项目开始实施,此时,导淮委员会在机构建设和政策规划两个方面已经取得了进展。当然,其他方面同样也有重要的进展。比如,尽管由于导淮委员会没有有效地整合进全国经济委员会,使得进一步强化全国水利行政管理受到阻碍,但是在陈果夫的领导下,导淮委员会却得到独立的发展。另外,导淮委员会的水利工程计划仅限于江苏省的淮河下流地区,淮河上游的水利工程没有开展。造成这种状况的原因部分是国民政府没有从政治上完全控制淮河上游,部分是导淮委员会带有浓厚的地方色彩。

　　除了机构建设和政策规划两个方面的进展外,国民政府第三个方面的进展是在国家建设方面做出的努力。本章将探讨国民政府如何整合利用淮河水利工程的资源,从根本上来说,导淮委员会实施大型工程项目的能力依赖于其整合地方力量的能力。因此,下面的分析主要侧重于国民政府在淮河管理的几个方面——工夫动员、工程纪律和物资供应,所取得的成就。

导淮入海工程和江苏省政府

　　根据导淮委员会 1931 年的导淮工程计划,导淮入海工程要求疏浚废淮/黄河,使淮河从洪泽湖直接入海。这一水道将使 30% 的淮河水直接入海(剩余的 70% 的淮水南流入江),并实现水利灌溉、水力发电和航运等目标。根据最初的设计,这一水道长 167 公里,宽 120 米,平均深 7.5 米,上起洪泽湖三河闸,主要利用黄河故道穿过江苏北部,最终经套子口入海。这一计划要求该工程于 1934 年实施,并在两年内完成。[①]

　　早在导淮委员会讨论这一工程实施分期的时候,就出现了工程的行政管理问题,最主要的是经费缺乏。当时,导淮委员会已经得到中英庚子赔款,开始了淮河入江工程,但是这些赔款各有用途,而要求更多的庚子赔款已不大可能。

　　从经费问题的解决上,可以看出个人能力在淮河行政管理中的作用。关键的人物是陈果夫和沈百先,他们提出的解决办法是整个工程由江苏省负责。但是江苏省财政没有工程所需的预算经费,因此沈百先建议采用工夫征募代替原定的劳力雇佣,从而大幅度降低工程造价[②],使工程预算由最初的 1,600 万元降至 600 万元。[③]

　　在陈果夫和沈百先的推动下,江苏省导淮入海工程处 1934 年成立,负责导淮入海工程的管理。不过,这一机构和导淮委员会之间的职责分工依然模糊不清。一方面,诸如水利测绘、征募工夫标准设定等预备工作由导淮委员会负责,而且三河闸和套子口两地的活动坝建设经费也是由导淮委员会拨付的;但是另一方面,由于导淮入海工程处隶属于

[①] 详细内容参见《导淮入海水道计划》,收入《革命文献》,台北:中国国民党中央委员会党史委员会,1980 年,第 82 卷,第 162—180 页。

[②] 《陈果夫先生全集》,第 5 卷,第 141—142 页。

[③] 王树槐:《陈果夫与导淮入海工程》,第 673 页。

104

江苏省建设委员会,因此,导淮委员会并不能对导淮入海工程进行直接的监管。

在取得导淮入海工程的管理权以后,江苏省导淮入海工程处进一步细化了工程计划和管理机构。为了节省经费,工程处将水道的宽度减少到 35 米(原定 120 米)。根据修改后的工程计划,河道需要疏浚土方 600 万立方,河堤建设土方 6,600 万立方。1934 年 9 月,江苏省建设委员会批准工程处设立工程、财务和总务三个办公室。另外,根据水道经由的 12 个县,将水道分为 12 个段,每一段由一名工程师负责,各段的县长负责工夫的征募。[①]

工夫征募

实施导淮入海工程的关键是征募工夫。这一工程需要工夫 16 万人,因此,整个水道疏浚和堤坝建设的成功就依赖于各县官员在组织工夫方面的有效配合。在陈果夫和沈百先看来,工夫问题也是最突出的问题。江苏省在 1931 年赈灾和 1933 年组织小规模的河道疏浚工程方面有着征募工夫的成功经验,因此陈果夫和沈百先对于江苏省征募工夫进行大规模工程建设抱有很大的信心。[②]

中国在劳力征募方面有着悠久的历史,然而,到了明朝中期,随着资本主义经济的兴起,中国慢慢出现了通过雇工实施大规模公共工程的做法。[③] 到了清末民初,小规模的水利工程和其他公共工程依然采取征工形式进行,一般根据在工程附近或直接受益的土地多少征募劳工。[④] 清

[①] 许心武:《导淮入海工程纪要》,《水利月刊》,第 10 卷,第 3 期(1936 年 3 月),第 188 页。

[②] 黄丽生,第 202—203 页。

[③] 关于元朝徭役的办法,参见杨联陞《从经济角度看帝制中国的公共工程》,收入《汉学散策》,哈佛燕京学社研究系列,第 24 卷,麻省剑桥:哈佛大学出版社,1969 年。其他形式的公共工程用工,比如劳役,到明代已经大部分取消了。兵工一直延续到现在。

[④] 见黄丽生,第 184 页。

朝后期以来，通过徭役实施公共工程已经变得不切实际，个中原因除了中国经济发展中长期的结构变迁所带来的影响外，征募劳工的条件，比如稳定的社会秩序、有效的政治统一等，也已不复存在。

由于财政紧张，通过大范围的发放薪金和雇佣劳力实施大型工程已经不可能，国民政府在 20 世纪 30 年代所能采用的其他办法还有利用军队。军阀混战时期，由于很多个人和团体呼吁解散军队并利用解散的军队实施公共工程，因此军队参与公共工程建设的现象很普遍。1927 年国民政府成立以后，这样的呼声也不绝于耳。1929 年，国民党中央执行委员会通过一项决议，要求导淮委员会尽快提出兵工政策提案。[①] 在 1932 年 6 月，导淮委员会在《兵工导淮协要》中提出，由军方提供 5,000 名兵工。[②] 另外，1935 年 7 月，国民政府发布《兵工建设实施办法大纲》，目的是用兵工推动农村地区的建设工程项目。[③] 但蒋介石的目的可能是在日益被共产党发展鼓动的农村地区增加驻军，因此，在公共工程中大规模采用兵工的建议没有实现。

20 世纪 30 年代，劳力征用受到社会的批评，很多批评者认为劳工征募制度体现了独裁统治，不是一个现代国家所应采取的政策。在评论全国经济委员会进行的建设项目时，有人这样认为，那些在农村新建的政府组织实施道路建设的目的是侵犯和剥削劳动力，并强调说，通过强制和武力征用劳力，不是促进农村建设的办法。[④] 这种劳力征用办法受到攻击，还因为征用劳力进行道路建设并没有让劳工受益，修建的道路主要是用于军事目的。根据易劳逸（Lloyd Eastman）的研究结论，农民劳工并没有通过农村经济的发展得到回报。[⑤]

1931 年，江苏省劳力征用工作取得一定进展，由此出现了一种劳力

---

① 见黄丽生，第 187 页。
② 见《导淮工程但用兵工》(1934 年 10 月)，台湾中央研究院近代史研究所，检索号：27－07:28。
③ 黄丽生，第 189—190 页。
④ 泰史利(音译)：《无知无教》，《独立评论》，第 95 号，1934 年 4 月 8 日。
⑤ 易劳逸，第 210—211 页。

征用的新模式。劳工征募还和蒋介石提高社会道德的思想完美地契合起来。"国水委"1932年的工赈高潮过后,江苏省政府向所属各县发布命令,要求在河道疏浚中普遍采用劳工征募,但是各县对这些新指令的反应却很慢。1932年,江苏省只有29个县采用劳工征募实施水利工程建设。不过,到了1933年,劳工征募速度加快,有53个县采用这一制度,共疏浚河道2,088公里。① 江苏省实施劳工征募取得成功最重要的因素是重新采用了保甲制度。保甲制度最基本的作用在于确保劳力征募工作的正常实施和相互监督。作为地方最基本的社会组织,保甲制度将100户组成1甲,10甲(或者1,000户)组成1保。每1甲选一个甲长,负责各户的登记、收税、河堤修复和看护庄稼等集体事务。这一保甲制度在维护地方治安方面最有效的是其具有自我警戒功能。每甲中如有1人或1甲犯罪,其余的都要举发,若不举发,则连带坐牢。② 作为国民政府军事委员会主席,蒋介石在1934年要求江苏省实行保甲制度,其目的是加强对越来越动荡的社会的控制,而这一制度也促进了劳工征募的实施。

¹⁰⁷ 劳工征募的程序相对比较简单。第一步是围绕工程实施,在20里(10公里)的范围内划定一个区域,并从这一区域征募劳工,确定身体健康的劳工名单。劳工数额根据各地所拥有的土地进行分配。然后,从县到甲,每一层都分配劳工征用任务。那些负有劳工任务但不愿意参加的人,可以通过拿钱赎免劳工任务。③

1934年12月,导淮入海工程开始实施,国民政府的保甲制度进行得也相当顺利。江苏省导淮入海工程处根据工程用工计划,在新水道经过

---

① 程家堂(音译):《征工浚河之研究》,《江苏建设月刊》,1935年,第2卷,第10期(1935年10月1日),第13页;另见沈百先《江苏省最近三年征工修复水利经过》,《水利月刊》,第12卷,第2期(1937年2月),第129—133页。

② 关于保甲制度的简要描述,参见史景迁《追寻现代中国》,纽约:W. W.诺顿出版公司,1990年,第125—126页。

③ 黄丽生,第195—196页。

的 12 个县进行工夫征募。工夫出工的时间为上一年 10 月到下一年 5 月
(以 140 个工作日计算),以便工夫在农忙季节回家。导淮入海工程共征
工 16 万人,分别由原籍各县成立一个总队,并由一名县建设局官员带
队,总队下设队(1,000 名工夫,由村官带队)和分队(100 工夫,也由村官
带队)。①

表 6.1 导淮入海工程所需工夫及要挖土方一览表②

段　别	夫　额	土方总数 (立方米)	人均土方 (立方米)
淮阴段	20,000	8,586,000	429.3
泗阳段	10,000	4,293,000	429.3
江都段	5,000	2,156,000	431.1
泰县段	5,000	2,136,000	427.2
高邮段	10,000	4,271,000	427.1
宝应段	10,000	4,292,000	429.2
淮安段	20,000	8,574,000	428.7
涟水段	25,000	10,704,000	428.2
兴化段	10,000	4,259,000	425.9
东台段	5,000	2,139,000	427.8
盐城段	15,000	6,413,000	427.5
阜宁段	25,000	10,712,000	428.5
总　计	160,000	68,535,000	428.3

临近 12 月开工前不久,江苏省导淮入海工程处才确定了工程的具
体实施计划。就设施来说,工程处只向工夫提供工棚所需的材料,由

①② 关于河工征募具体要求,参见《导淮入海工程处》,江苏省档案馆,档案号:1004:5919 - 4。

他们自己搭建,铁锹、运土的竹筐等其他用具也由工夫自己准备。就吃饭而言,工程处设立两个食物供应站。建立这两个供应站的目的不仅是为了储存向五个分供应站分发的食物,而且是为了统一粮食购销,避免地方商人哄抬物价。由于这一地区的水是咸的,因此,淡水供应是个很大的问题,解决的办法是沿入海水道选几个点,打淡水井,并修建大型水库,储备淡水。由于很多工地处于或临近土匪猖獗的地区,因此工夫的安全也是一个大问题。江苏省政府沿水道派遣驻扎了省保安团的几个分队,同时命令各县组织保安队保障工程秩序和工夫安全。①

导淮入海工程第一年,1934—1935

导淮入海工程被誉为几百年来耗资最大的水利工程,于 1934 年 11 月 1 日举行盛大开工仪式。陈果夫专程到淮阴参加开工仪式,他说这一工程将为苏北地区开辟新纪元,反映了江苏省政府对该地区发展的重视。②

最令陈果夫始料不及的是,这一工程从一开始就面临着严重的问题,最主要的问题是采取的工夫征用措施没有征募到足够的工夫。正如下表所示,各县的官员极大地忽视了工夫征募工作。与原定的征募指标相比,只有一小部分工夫来到工地。而且,由于工程处的工地负责人没有及时发放治河工具,来到工地的工夫很快就逃走了。陈果夫后来不得不承认,这一工程组织得太仓促。③但他并不承认导淮入海工程处在实施这一工程中所联合的地方机构,特别是各县县长,在征工方面有重大失职。

---

① 王树槐:《陈果夫与导淮入海工程》,第 675—680 页;另见黄丽生,第 199—201 页。
②③ 陈果夫:《陈果夫先生全集》,第 5 卷,第 142 页。

表 6.2　导淮入海工程开始时工夫情况一览表[①]

县　别	夫　额	平均每天出夫数 (1934 年 11 月)	占工夫指标百分比
淮阴	20,000	167	1
泗阳	10,000	4,089	41
江都	5,000	18	0.4
泰县	5,000	977	20
高邮	10,000	140	1.4
宝应	10,000	24	0.2
淮安	20,000	0	0
涟水	25,000	0	0
兴化	10,000	323	3.2
东台	5,000	83	1.7
盐城	15,000	0	0
阜宁	25,000	0	0
总　计	160,000	5,821	7.8

　　困扰工程的第二个问题是安全和劳动纪律。苏北地区土匪猖獗(解 *109*
决国民政府统治核心地区的社会秩序问题是国民政府实施淮河治理工
程的一个重要原因)。[②] 在工程开始的第一年里,土匪活动制约了工程的
进行。抢劫、掠夺等影响了工程的实施。12 月份,土匪谋杀了一名来自
淮阴县的官员。还有一个例子,东台县负责的河段内有 2,500 名工夫,

---

① 王树槐:《陈果夫与导淮入海工程》,第 680 页。
② 关于苏北和安徽、山东匪盗问题,参见裴宜理《华北的叛乱者与革命者,1845—1945》,斯坦
　福:斯坦福大学出版社,1980 年。

11月11日晚,六七个土匪袭击了一个工棚,枪杀了四名工夫,并抢走了工夫的衣物。当遭抢的消息传出以后,整个工段的大部分工夫都逃走了。当11月底再次重新开工时,只剩下500名工夫了。江苏省导淮入海工程处在总结工程进展缓慢甚至停工的原因时,大多归咎于"土匪"或"地方不配合"。据一位参与工程的人士透露,这些所谓的"捣乱分子"可能是共产党,他们积极组织工夫怠工或逃跑。[1] 然而,由于没有可靠的资料来源,很难判断这种说法是真是假。

除了外部因素,工夫的行为也阻碍了工程的进行。这些行为主要包括暴力抗拒监管人员以及消极怠工或者罢工。总起来说,工夫的不满主要是针对监工。在很多情况下,导致工夫不满的一个因素是带工的队长和分队长与其负责的工夫不是来自同一个县。当地的同乡观念很重,比如涟水县的工夫就对管理他们的淮阴队长表示不满。因此,冲突就时常发生。工夫不满还有其他原因,很多报告称劳工征募程序不规范,人际关系导致征募办法不公平。另外,工夫报酬一开始太低,每天人均报酬还不到2角。苏北地区冬天天气变化多端,当恶劣天气影响、延误工期时,工夫就没有钱买工程处提供的食物了。由于报酬低或者没有得到报酬,这些工夫就会不买供应站提供的食物,而是买一些更便宜的煮地瓜和玉米糊,这是因为供应站的粮食、薪材在装袋和运输后成本大为增加,卖给工夫的食物价格要高得多。因此,导淮委员会供应的粮食很多都没有卖出去。[2] 所有这一切都对个人或集体的反叛行为起到了推波助澜的作用。

---

[1] 1994年7月8日在安徽合肥与方六平(音译)先生的谈话。方先生是盐城市办公室人员,对于淮河入海水道东部共产党的活动有研究。

[2] 史桂玲(音译):《江苏导淮施工情况》,收入《中国经济农业土地水利问题资料》,第356页;关于导淮工程处河工食物供应情况,参见《导淮入海工程处》,江苏省档案馆,档案号:1004:5919-3。

表 6.3　入海工程第一年发生纠纷事件统计表①

时　间 (1934—1935)	工　段	案　情
10 月 23 日	盐城段	地方不良分子要求改线不遂,聚众数十人鸣枪示威,阻止工作,秩序混乱。
10 月 30 日	东坎途中	工程师和建设科长勘察河线返回途中被刮去钞洋、眼镜、手表等件。
11 月 8 日	淮阴段	五连乡乡民以阻挠征工为由,鼓动聚众滋事。
11 月 11 日	淮阴段	工棚被袭,枪伤工夫二人,工夫逃散,几于影响全工。
11 月 13 日	兴化段	工棚被劫,械伤工夫一人。
11 月 18 日	阜宁段	段所遭袭。
12 月 1 日	淮阴段	因更换队长,段长和监工员被打伤,工夫怠工、罢工。
12 月 7 日	淮阴段	鼓动工潮。
12 月 8 日	淮阴段	监工员被工夫围困。
12 月 18 日	淮阴段	县长被围困、枪杀。
12 月 22 日	淮阴段	工夫二三百人齐集工地,将区长、镇长包围至农民教育馆,意图罢工。
12 月 23 日	盐城段	百余名地方不良分子要求改线不遂,阻挠工作。
12 月 26 日	淮安段	被刮银洋 32 元,衣服 21 件,被 7 条,米 6 斗。
1 月 7—9 日	宝应段	第五队工棚七日夜间被抢,九日夜间该工棚忽来持枪土匪十余名,劫去棉被等件。
1 月 18 日	东坎段	汽车夜间被焚烧。
1 月 26 日	盐城段	阻挠打桩,妨碍工作。
2 月 26 日	淮阴段	匪徒抢劫抽水机机房。
3 月 10 日	涟水段	工夫卖麦易洋,于甸湖发生纠纷,一时秩序凌乱,工夫受伤,身死三人,先后烧毁工棚 100 余座。
3 月 11 日	淮安段	冒牌乡长号令停工,滋事。

①《导淮入海工程处》,江苏省档案馆,档案号:1004:5919 - 4。

续　表

时　间 (1934—1935)	工　段	案　情
3 月 12 日	涟水段	殴伤分队长,烧毁工棚一座。
3 月 14 日	兴东段	第五队征夫与雇工挖土,因言语误会发生冲突,殴伤三人。
4 月 2 日	淮阴段	分段长被刮去伙食费洋 80 元。
4 月 10 日	淮安段	分队长遭抢,匪徒看戏时被保安队拿获。
4 月 11 日	兴东段	分队长办事处据报被抢。
4 月 17 日	涟水段	工夫殴打士兵,侮辱队长。
4 月 21 日	兴东段	乡长被匪绑。
4 月 25 日	淮安段	僧匪抢劫段所。
4 月 29 日	淮阴段	工夫包围工地,阻挠工作,持械伤人。
4 月 29 日	涟水段	匪徒手持刀棍,打伤机工三人。
5 月 3 日	涟水段	队长被绑。
5 月 16 日	宝应段	工夫倒土,不服取缔,将监工员殴伤。
5 月 30 日	兴东段	兴东段事务所被匪众 30 余人包围。

　　工程开始两个月后,江苏省导淮入海工程处和江苏省政府都看出了工程存在的严重困难。在意识到各县负责人员不能很好地组织人力和 111 物力以后,江苏省政府于 1935 年 1 月召开协商会议,要求各县官员加强工夫征募工作。除了积极调动各县官员的积极性外,会议在协助征工方面出台了三项措施。① 将部分县的工程段合并,减少工地数量(从 12 个减少到 10 个);② 在那些不能完成工夫征募指标的县,实行代役金政策;③ 根据每人完成的土方数量,提高报酬标准。① 实行代役金政策主要是用所得的钱去雇用工夫。一般来说,这些雇用的工夫被分派到临近河口

---

①《导淮入海征工之研究》,《江苏月报》,第 3 卷,第 3 期(1935 年 3 月),第 1—2 页;另见王树槐《陈果夫与导淮入海工程》,第 682 页。

那些需要深挖、工程较艰苦的地方。

对于维护工地安全和维持工夫纪律,经蒋介石批准,命令驻扎在江苏的国军95师567团于12月份负责安全保卫工作。但问题仍然不断发生,于是蒋介石又下令驻扎在苏北的5师17团加强安全保卫。①

尽管中央政府派兵保卫,但在以后的几个月里,工地安全和工夫纪律仍然是个问题。然而,第二年1月采取的通融措施取得了效果。工程征用了更多的工夫,但总数还是没有达到要求。结果是,截至5月底,完成的土方总量只有18,062,191立方,仅占两年计划设定目标的25%。江苏省导淮入海工程处清醒地意识到这项工作需再延长一年才能完成。②

基于第一年的教训,陈果夫和沈百先对第二年的计划作了很多调整。总起来说,这些调整主要是改善工作条件,调动苏北地区各县官员和农民的积极性,以完成项目目标。就工程的工作条件而言,工程处设立了六个流动医疗队,每个医疗队配备几名医生和护士。这比工程第一年只有一个医疗队有了很大改善,因为一个医疗队根本不能应付工夫中的工伤和其他常见疾病。冬季是健康问题多发季节,10%—14%的工夫需要医疗治疗。冻伤是最常发生的现象,在春、秋季节,工夫的身体状况总体上要好些(3%—5%的工夫需要治疗),这两个季节最常见的是消化和呼吸道疾病。这些问题主要是卫生状况差、工作环境尘土飞扬造成的。③

加快水利工程进度的主要做法是通过宣传调动工夫的积极性。1935年初,宣传部组建并派遣出一支宣传队带着高音喇叭和放映机来到工地,他们利用放映机播放过去发洪水的片子(很多人可能都有深刻的记忆)和其他建设工地的场面。国民政府还组建了流动戏院,到工地上 *112*

---

① 陈果夫:《陈果夫先生全集》,第5卷,第143页。
② 王树槐:《陈果夫与导淮入海工程》,第683页。
③《导淮入海工程处》,江苏省档案馆,档案号:1004;5919-3。

演一些描述过去的洪水灾难和未来水利管理带来好处的戏剧。这些流动宣传队和戏院的目的是宣传强化孙中山的"三民主义"(代表着国民政府的统治思想)，解释工夫义务及其在地方领导中的作用，宣传淮河治理的意义和带来的好处，以及国民政府实施这一工程和其他建设项目的亲民之举。①

在这一宣传活动中，歌曲也很重要。除了纪录片宣传外，流动演出宣传队还组织工夫唱歌。陈果夫围绕导淮工程亲自创作了一首歌曲，他自认为是一个出色的词曲作者，围绕政府的很多建设计划展示了自己的歌曲创作才华，谱写了《电气建国歌》、《卫生歌》等。他创作的《导淮入海歌》歌颂了"我有能力，水为我用"的精神，歌曲的最后一句呼吁"大家齐用力，为了大家安乐与年丰"②。

导淮委员会还积极向国内外大力宣传导淮入海工程的好处。1935年春，导淮委员会请艺华影业公司的卜万苍围绕导淮工程制作了11集的专题片。由于"淮河水利工程是几个世纪以来最伟大的水利工程，我们必须留下这一成就的记录"③。这一专题片旨在宣传淮河流域的苦难史以及淮河水利工程将会带来的好处。陈果夫希望利用这一专题片打动国际社会，吸引更多的资金。1934年刚过，陈果夫就邀请中英庚款董事会成员到淮阴视察水利工程。很明显，中英庚款董事会的成员在不了解工程混乱的情况下，同意增加工程贷款900万元。④

为了淮河水利工程大业，导淮委员会作出了整合人力资源的巨大努力。与此同时，国民政府在国家层面也作出了努力。陈果夫在《导淮入海歌》中体现的国家统一和人定胜天的意识也反映在蒋介石面临共产党

---

① 关于宣传措施，参见《导淮入海工程处》，江苏省档案馆，档案号：1004：5919-3；另见王树槐《陈果夫与导淮入海工程》，第677—678页。

② 关于陈果夫歌曲全集，参见《陈果夫先生全集》，第9卷，第129—145页；关于《导淮入海歌》，见第139页。

③《导淮委员会二十五年十二月份工作报告》，台湾中央研究院近代史研究所。

④ 不知什么原因，增加的工程款未能兑现，参见王树槐《陈果夫与导淮入海工程》，第678页。

活动和日本侵略满洲造成的社会动荡,所开展的社会运动中。1935 年
10 月 10 日,蒋介石发起"劳动服务运动",目的是鼓励各级政府、军官和
中层教育机构以上的学生和职员,围绕国家建设义务劳动 10 天。"劳动
服务运动"的宗旨和要求反映了蒋介石的"新生活运动"的思想,这一"新
生活运动"试图通过儒家道德价值观规范个人行为,促进社会统一。① 在
发布淮河工夫征募令中,蒋介石指出:从本能上,人人都需要工作。所有
国民都进行劳动,这是对于国家的职责。吾国有很多未竟的建设大业,
这并不是我们没有土地和物产,而是因为还没有人尽其才。我们应当提
倡劳动,这是目前最急迫的任务。如果方法得当,我们能让人人都贡献
出自己的力量和业余时间,促使建国工作的顺利完成。

与"劳动服务运动"同时,蒋介石还发动了"建设运动"。作为这次运
动的一部分,蒋介石号召 1935—1936 年冬天作为"淮河治理国民劳动
月"。这些训令还指出,这个冬季的工作要致力于道路建设和植树造林
等项目的实施。

蒋介石发表讲话的第二年,行政院正式响应蒋介石开展劳动运动的
号召,出台了"国民义务劳动法",该纲要提出劳动服务事项包括筑路、水
利和造林等,要求所有年满 18—45 岁的男子每年义务劳动 35 天,同时
规定,已受军事征用法之人力征用者,可以免除义务劳动。②

尽管国民经济建设运动的部分目的是增强集体斗志,但也是促进
农业发展的一项实际措施,当然,政府在农业领域的投入很小。换句
话说,面对农民日益增长的不满情绪,蒋介石希望通过发展农业增强
农民对政府的认同。在苏北地区,由于实施范围有限,这一运动基本
上失败了。③

---

① 关于法西斯主义和"新生活运动"的讨论,参见费正清《费正清论中国:中国新史》,哈佛大学
出版社,1992 年,第 290—291 页。

② 见周开庆《中国经济政策》,台北:国际经济出版社,1959 年,第 300 页。

③ 参见沈百先《江苏省二十四年度国民劳动服务总报告》,《江苏建设月刊》,第 3 卷,第 9 期
(1936 年 9 月),第 1—3 页;另见《各县报告》,出处同上,第 48—218 页。

导淮入海工程第二年和第三年,1935—1937

1935 年 10 月 1 日,导淮入海工程进入第二个年头。工夫征募工作的调整和调动县政府开展工夫征募工作的努力初见成效。根据新调整的河段分工以及工夫征募指标,征募的工夫总数达到了 210,725 人。

表 6.4 1935—1936 年工夫数量一览表[①]

段别	工夫	段别	工夫
淮阴	28,635	涟水	64,776
泗阳	27,769	兴化	1,231
盐城	11,200	宝应	10,056
淮安	33,640	阜宁	33,418

征募的工夫第二年增加了 22,160 人。[②]工夫征用之所以取得这样的成就,很大程度上是加强了那些比较听省政府话的县政府的工夫征募工作。不过,从工夫征募的数据看,整个工夫征募工作还存在着不平衡,比如兴化县征募的工夫数量就很小。另外,征募的工夫劳动效率很低,特别是和那些雇工相比。就整个三年工程来说,雇工每天人均挖掘土方 2.53 立方米,而征募的工夫只有 0.78 立方米。[③]

征募的工夫劳动生产率低的原因,有以前出现的安全和劳动纪律问题。水利工程第二年,发生了 21 次土匪抢劫、工夫骚乱和罢工事件。与第一年一样,中央政府派部队加强治安。国民政府希望避免第一年发生的问题,因此派驻了更多的军队,于 2 月份派第 26 军负责整个工程的治安工作。匪夷所思的是,第二年的大部分安全事件都是在部队到达工地以后发生的。总体上看,第三年发生的安全、罢工、骚乱等事件和第二年

---

①②《30 年来江苏省政述要》,第 15 页。

③ 王树槐:《陈果夫与导淮入海工程》,第 693 页;关于河工劳动生产率低的解释,参见《导淮入海工程处》,江苏省档案馆,档案号:1004:5919 - 4。

相似,但数量有所减少,主要原因是工程量有所减少,而且剩下的水利工程集中在那些安全更有保障的地区。①

表 6.5　导淮入海工程第二年发生纠纷事件统计表②

时　间 (1935—1936)	工　段	案　情
11 月 20 日	泗阳段	第三队第十分队工夫包围监工员,发动全区工夫千余人停工。
12 月 12 日	兴东段	乡长指使工夫盗挖标志,经监工人员发觉后唆使包工头率夫暴动,殴伤监工员及械工四人。
1 月 12 日	盐城段	工夫因发现抬高方基,聚众数十人冲至监工处。
2 月 14 日	兴东段	抽水机棚于二十五年二月一日被匪抢劫,四日复发生焚烧职工一人,士兵五人惨案。
2 月 21 日	泗阳段	工夫截留运送高宝段芦席 645 张。
2 月 25 日	泗阳段	运米 100 包,经过泗阳段工地,突来工夫数十人,拦截 24 包。
3 月 3 日	泗阳段	工夫聚众滋事,殴伤监工处主任及分队长,抢掠第一监工处。
3 月 7 日	兴东段	聚众 30 余人,要求释放两名侮辱区长的工夫,伤工夫二人,掠监工处,停工。
3 月 8 日	海口段	雇佣阜夫向包商要求加价,停工。
3 月 10 日	兴东段	棚头造谣煽惑,意图鼓动工潮。
3 月 11 日	兴东段	工夫反对仪器使用。
3 月 21 日	淮阴段	工夫聚众殴伤队长。
3 月 23 日	兴东段	包商中南公司工夫在四号自流井取水,与海口切滩段工夫发生争执,不服调解,俄顷聚众数千人,包围切滩段事务所,伤亡者三人。

---

① 关于导淮入海工程第三年劳工纠纷情况,见《导淮入海工程处》,江苏省档案馆,档案号:1004:5919-4。

② 《导淮入海工程处》,江苏省档案馆,档案号:1004:5919-4。

续　表

时　间 (1935—1936)	工　段	案　情
4月1日	泗阳段	第四区乡长、保长率领工夫多人在淮安县与第七保长因卖草论价不合,发生龃龉,将该保长家衣服什物抢毁一空。
4月3日	泗阳段	乡长、保长率领工夫百余人在涟水县强伐树木,发生争执,将该乡乡长及弟媳殴伤,并抢去银钱衣物等。
4月21日	泗阳段	泗阳工夫夜潜淮阴,滋扰多次,打死孕妇。
5月15日	高邮段	包商到队督工,被地棍率领工夫打伤。
5月19日	涟水县	械工被羁押队部,吊打成伤。
5月23日	淮安段	区办公处被匪刮去国币五百七十五元三角、衣物、什物等件。
7月24日	兴东段	匪徒、驻军互相射击。

　　由于征募了大批工夫,导淮入海工程解决了工程的劳力短缺问题,达到了土方目标。第二年底,导淮入海工程处声称完成了75%的土方任务。第三年,陈果夫宣布工程全面完成。的确,废淮/黄河水道的疏浚土方任务大部分已经完成,但是第二年完成的土方目标是经过修正的。导淮委员会一开始制定的、江苏省导淮入海工程处一开始付诸实施的导淮入海工程计划,还包括水道的堤防建设和新的水利设施。①堤防建设没有按照原定计划的规格要求完成。就在宣布工程完成后不久,导淮委员会原总工程师李仪祉陪同陈果夫视察新的淮河入海水道,李仪祉提出这一工程实际上并没有完成,并告诫说,如果没有切实有效的保护措施,那么由于黄河1955年改道前沉淤的黄土,水道将极易受到侵蚀。②

---

① 见《导淮入海水道计划》,收入《革命文献》,台北:中国国民党中央委员会党史委员会,1980年,第82卷,第163—180页。
② 王树槐:《陈果夫与导淮入海工程》,第692页。

回到从前

李仪祉的警告不幸成真。1937 年春末,为了阻止日军从东北南下,蒋介石命令部队炸开河南省花园口的黄河大堤。和历史上多次发生的灾难一样,中原地区的河水再一次被用做军事目的。滔滔的洪水阻滞日军前进达几个月之久,但也使苏北的人民再次回到了从前。由于洪水南犯,江苏 4,000 个村庄被淹,数千名村民被淹死,留在黄水淤泥中的是导淮入海工程的残垣断壁。

小　结

尽管国民政府在机构建设和政策规划方面取得了进展,但在整合、集中所需资源,实施淮河治理重大工程方面依然步履艰难。在经费严重缺乏的情况下,导淮入海工程的成功主要依靠的是工夫征募。在经历了问题频发的第一年之后,江苏省导淮入海工程处调整了工夫征募办法,更有效地开展了与县政府的合作。因此,在工程的第二年和第三年,工夫数量大幅增加。组织地方部门有效地参与工程实施,意味着省政府成功地把地方力量和全省建设目标统一在一起。

国民政府在农民工夫问题上却没有取得同样的成功。尽管国民政府重视加强纪律,调动工夫的积极性,但这些努力却遇到个人或集体的反抗。工夫对工程监管人员的暴力以及罢工、怠工等,都是工夫对监工刻薄、对服务和劳动工具不满的反映。中央政府和江苏省政府采取各种措施调动工夫的积极性,比如搞群众运动、电影和文字宣传、工地演出,都是在努力向苏北农民灌输他们和政府的建设政策之间具有共同的利益。

最后,实施淮河治理所遇到的困难还反映在对导淮入海计划进行的大幅修改方面。尽管国民政府公开宣称工程已经胜利完成,但是结果并没有实现导淮委员会 1931 年批准的导淮工程计划所设定的目标。这一大大缩水的工程是在三年,而不是在预定的两年内完成的,使人不仅对这一水道的防洪能力,而且对于实现水力发电、航运和灌溉的现代化目标,都产生了极大的怀疑。

结 语

　　国民党军队 1938 年炸毁黄河大堤,结束了导淮委员会的十年治淮工作。日本占领中原以后,导淮委员会整理好档案,随同蒋介石和国民政府一起迁往陪都重庆。淮河治理直到 1949 年都处于停滞状态。中华人民共和国成立后,大规模的淮河治理工程才开始实施。

　　"南京十年"期间,正如导淮委员会的档案所显示的,国民政府的国家建设体现出这样几个特点:加强中央机构建设和规划;在利用现代技术和开展国际合作的基础上实现现代化。

　　导淮委员会的成立就是为了强化中央对淮河治理的管理。1931 年水灾发生后,导淮委员会的组织结构日趋健全,成为清朝中期以后的第一个中央水利行政机构。在明朝中期,是由黄河流域河道总督对整个流域进行统一管理。"南京十年"期间,导淮委员会以官方赋予的行政管理权,努力整合省级和地方机构。而且,导淮委员会隶属于全国经济委员会,这反映了国民政府把淮河水利管理纳入整个建设规划的愿望,从而能够更加合理地配置资源。水利行政管理中央化的结果使得导淮委员会能够解决水利工程计划实施中的资金短缺问题。1934 年修改章程以后,导淮委员会获得了从水利工程的衍生土地上收取税金和租金的权 *120*

力,从而有资格得到中英庚款的贷款。

作为整个淮河流域的中央管理机构,导淮委员会紧紧围绕中央经济建设计划,制定自己的水利工程计划。从目前保存下来的导淮工程计划的各个项目蓝图来看,这些计划项目内容丰富,不仅说明导淮委员会制定的全国性计划的重要性,而且体现了导淮委员会采用现代水利工程理念,进行水利建设的思想。项目蓝图的设计者都是水利工程师,在20世纪的前30年里,中国受过水利专业技术培训的人员大大增加。到了20世纪30年代,这些技术人员开始成立中国工程学会、中国水利工程学会等专业组织,并通过这些组织发挥他们的社会作用。国民政府成功地把自己的建设思路和这些技术专家的思想统一起来,让这些技术专家相信政府利用现代技术实现现代化目标的方略。中国水利工程学会的第一任会长李仪祉还是导淮委员会的第一任总工程师,更多的技术人员是在实施工程项目中成长起来的。导淮委员会制定了其所属各级部门都要聘用水利工程学校毕业生的指导意见,除了给河海工科大学等主要科研教学机构制定课程指导意见外,导淮委员会还在省、县等不同层次的机构中设立了从几个月到两年不等的各种培训课程,并要求这些经过培训的人员在委员会的基层办公室做一定时间的服务工作。

政策导向也反映了国民政府的现代化倾向和导淮委员会中技术专家的作用。江苏和安徽两省强烈要求水利工程要直接服务于泄洪,蒋介石一开始批准了这一建议,但导淮委员会的技术专家,比如李仪祉等认为淮河水利管理不能单纯着眼于防洪,还要服务于水力发电、航运和灌溉。蒋介石和导淮委员会最终被说服采纳了这一观点,批准了基于综合治理理念制定的导淮工程计划,这一综合治理理念是发达国家水利管理的指导原则,吸取了美国田纳西河流域治理等大型工程的经验。的确,导淮委员会的很多工程师都把田纳西河流域治理工程作为自己实施水利工程仿效的样板。

导淮委员会积极与国际科技组织建立联系,这进一步强化了利用现代水利科学制定淮河治理计划的理念。在全国经济委员会的支持下,导淮委员会听取国联交通运输组的技术专家对导淮工程计划的意见,使这一计划符合国际上通行的标准。国联技术专家的意见极大地支持了导淮工程计划的技术设计,并在获得中英庚款贷款中发挥了重要作用。 *121*

　　在实现自己的体制建设和政策目标的过程中,导淮委员会受到国民政府整个政权统一以及国民党内部政治派别林立等条件的制约。由于国民政府在淮河流域没有完成政权统一,导淮委员会对整个淮河流域的管理受到限制,这从 1931—1932 年"国水委"赈灾效果的局限性中可以看出来,也可以从导淮委员会的水利工程计划仅限于淮河下游、不能在上游实施中看出来。

　　导淮委员会与国家建设部门的融合也存在问题。尽管导淮委员会依法并入了全国经济委员会,但是这两个机构负责人的不同政见影响了有效的合作。的确,倾向于发展的导淮委员会和全国经济委员会在管理理念上是一致的,因为双方都主张加大农业基础设施的投入,以服务于工业发展。然而,陈果夫依然是蒋介石忠心耿耿的政治心腹,他不愿意将导淮委员会合并进由政治对手领导的政府部门中(比如汪精卫)。因此,导淮委员会不仅抵制全国经济委员会的控制,而且逐渐地与陈果夫担任政府主席的江苏省政府密切了关系。

　　最后,国民政府实现其政策重点的能力受到难以掌握基层政府资源的限制。换句话说,国民政府可以制定一个计划,但实施起来却困难重重。导淮入海工程虽然完成了,但规模要小得多,也没有达到最初设定的目标,这主要是因为工夫征募不足以及工夫管理上的无能。国民政府努力通过道德教化运动和派遣国民党军队实现预定的目标,但导淮入海工程处依然处处受到工夫的抗拒。

历史视野下的国民政府

　　国民政府在国家建设上的努力,代表了 20 世纪中国寻求适合的政治形式取代 1911 年被推翻的帝国体制方面的重要进展。清朝灭亡以后的 30 年里,国民政府还没有完全实现政治统一。因此,为了促进统一,国民政府成立了导淮委员会这样的机构,希望将整个淮河流域管理起来。

122

国民政府极其重视对经济计划进行集中管理,这与帝国的管理模式有着很大的不同。无疑,帝国政府主要关心中央对财税、漕运的管理和对盐业、运输的大量垄断,而这一切的主要目的是维持一种历朝历代延续下来的、农业占主导地位的经济。明朝和清朝初年,商品经济已经有了很大发展,但主要局限在那些朝廷控制较松的地区。与此形成对照的是,国民政府积极开展多种多样的经济建设活动。现代经济的发展促使中央政府在资源开发和投入方面,既要支持又要给予地方一定的自主权。这种复杂的国家计划形式不仅意味着与帝制统治方式的告别,也深深地植根于 20 世纪 30 年代的国际大背景之中,当时的很多国家都采取类似的管理方式。另外,这种国家计划模式对 1949 年后共产党领导下的经济管理也产生了一定的影响。

国民政府经济计划的一个重要特点是国家对科学技术的支持。现代水利工程的理念在 20 世纪初,通过西方专家和张謇等人创立的开展工程教育的机构,引进到中国来。导淮委员会借鉴了现代水利科学的成果,积极开展水力发电,改善交通基础设施。另外,导淮委员会在管理上还积极聘用工程技术人员,这种重视技术的发展理念告别了帝国政府所推崇的儒家治国之道。1949 年以后,导淮委员会的很多测量数据依旧被使用,除此以外,导淮委员会聘用的大多数技术专家在新中国的水利机构中仍旧继续任职。的确,直到"大跃进",这些专家一直受到重用,但在 20 世纪 50 年代末以后,中国政府倡导"红比专好"。

国民政府在开展国际合作方面也形成了重要的模式。导淮委员会早在 1915 年就建议国外参与导淮工程的计划和实施。在"金元外交"的大背景下,中国在协商合作的过程中不得不对外国监察和金融机构做出重大让步。国民政府在保持体制发展和金融主权的情况下,成功地与国际社会进行了合作。尽管 1949 年以后苏联专家取代了国联技术专家,国民政府在维护体制主权上的成就,依然是 20 世纪的一项重要进展。

1953 年 5 月,毛泽东在一次讲话中号召"我们一定要把淮河治好", [123]随后不久就发动了一场"治淮运动",在几年的时间取得了显著成效。中华人民共和国政府克服了困扰着国民政府在淮河水利工程上的障碍,通过土地改革,调整地方组织结构,使政府能够有效地组织劳力和资源,疏浚河道,构筑堤防。当然,中国共产党在淮河治理中也遇到了问题,不过这个问题是阶级斗争,而且产生的后果也是严重的。不过,在其他重要方面,国民政府时期的体制和政策创新为中华人民共和国的成功治河开辟了道路。1949 年以后,中华人民共和国政府依然重视体制结构建设、技术专家流动以及现代技术应用。

从更大的时间框架来看,淮河流域的环境变化还会继续。1991 年的特大洪水表明,在后毛泽东时代,淮河的水利问题依然存在。另外,经济改革也带来了新的难题,比如,没有采取环保措施的乡镇企业给农业和城市用水带来了严重的污染。从这个意义上说,国民政府和 1949 年以后的中华人民共和国政府的治淮努力,是从大禹到今天的历史发展中的一个篇章。

参考文献

ARCHIVAL COLLECTIONS
档案材料

Institute of Modern History Archives of Academic Sinica (IMH), Taibei, ROC.
中央研究院近代史研究所档案(IMH),中国台北。

27 – 02 General Affairs of the Huai River Conservancy Commission

27 – 02 导淮委员会总务

27 – 03 Personnel Matters of the Huai River Conservancy Commission

27 – 03 导淮委员会人事

27 – 04 Financial Affairs of the Huai River Conservancy Commission

27 – 04 导淮委员会经费

27 – 07 Engineering and Reports of the Huai River Conservancy Commission

27 – 07 导淮委员会工程计划及报告

Jiangsu Provincial Archives (JPA), Nanjing, PRC. 1004 The Huai River Sea-Access Engineering Bureau

江苏省档案馆(JPA),中国南京, 1004 导淮入海工程处

Number Two Historical Archives (NTHA), Nanjing, PRC.

第二历史档案馆(NTHA),中国南京

1 Nationalist Government

1 国民政府

44 The National Government's National Economic Commission and the Ad-

ministrative Yuan's National Economic Commission

44 国民政府全国经济委员会和行政院全国经济委员会

320 Huai River Engineering (Huai River Conservancy Commission)

320 淮河水利工程(导淮委员会)

579 The National Flood Relief Commission

579 国民政府救济水灾委员会

DOCUMENTAL COLLECTIONS
文献资料

Geming Wenxian (Taipei: Zhongguo guomindang zhongyang weiyuanhui dangshi weiyuanhui, 1980), vol. 80 – 82.

《革命文献》(台北:中国国民党中央委员会党史委员会,1980 年),第 80—82 卷。

PERIODICALS
期刊

Shuili yuekan, Nanjing (1928 – 37)

《水利月刊》,南京(1928—1937)

Jianshe, Nanjing (1928 – 31)

《建设》,南京(1928—1931)

Jiangsu jianshe yuekan, Nanjing (1928 – 37)

《江苏建设月刊》,南京(1928—1937)

BOOKS AND ARTICLES
书籍和论文

American National Red Cross, *Report of Board of Engineers on the Huai River Conservancy Project in the Provinces of Kiangsu and Anhui China* (Washington: American Red Cross).

美国国家红十字会:《关于中国江苏和安徽省淮河水利工程项目的报告》,华盛顿:美国红十字会。

"Anhui Conservancy," *Far Eastern Review*, 12:6(November 1915).

《安徽水利》,《远东评论》,第 12 卷,第 6 期(1915 年 11 月)。

Bedeski, Robert E., *State Building in Modern China : The Kuomintang in the Pre-*

war Period (Berkeley: University of California Press, 1981).

白德基:《现代中国的国家建设:抗战以前的国民党》,伯克利:加州大学出版社,1981 年。

Boorman, Howard, ed,. *Biographical Dictionary of Republican China* (New York: Columbia University Press, 1967 - 79), 5 vols.

霍华德·波曼编:《民国名人辞典》,纽约:哥伦比亚出版社,1967—1979 年,共 5 卷。

Boudewijn, Edward, *Water Conservancy and Irrigation in China: Social, Economic and Agricultural Aspects* (Leiden: Leiden University Press, 1977).

爱德华·鲍德温:《中国的水利与灌溉:农业、经济和农业概观》,莱顿:莱顿大学出版社,1977 年。

Buck, John Loessing, *Chinese Farm Economy: A Study of 2,866 Farms in Seventeen Localities and Seven Provinces in China* (Chicago: University of Chicago Press, 1930).

约翰·洛辛·卜凯:《中国农业经济:对中国 17 个地区和 7 个省 2,866 个农场的研究》,芝加哥:芝加哥大学出版社,1930 年。

——, *Land Utilization in China* (Nanjing: University of Nanjing, 1937).

约翰·洛辛·卜凯:《中国的土地利用》,南京:金陵大学出版社,1937 年。

Chan, Hok-lam, "The Organization and Utilization of Labor Service under the Jurchen Chin Dynasty, " in *Harvard Journal of Asiatic Studies*, 52:2 (December, 1992).

陈国林:《嘉庆统治时期的徭役形式及其利用》,《哈佛亚洲研究》, 第 52 卷, 第 2 期 (1992 年 12 月)。

Chatley, Herbert, "River Problem in China," *Journal of the North China Branch of the Royal Asiatic Society*, 2nd series, 49 (1918).

赫伯特·查德理:《中国河流问题》,《皇家亚洲协会华北分会》,系列 2, 1918 年第 49 期。

Chen, L.M., "Conservancy Works," *Information Bulletin* (Nanking: Council of International Affairs), 2 (1936 - 37).

L. M·陈:《水利工程》,《信息公报》,南京:外交委员会,第 2 卷,1936—1937 年。

Chen Guofu, *Chen Guofu xiansheng quanji* (Taipei: Jindai Zhongguo chubanshe, 1991).

陈果夫:《陈果夫先生全集》,台北:近代中国出版社,1991 年。

Cheng jiatang, "Zhenggong junhe zhi yanjiu," *Jiangsu jianshe yuekan*, 2:10 (October 1, 1935).

程家堂(音译):《征工浚河之研究》,《江苏建设月刊》,1935 年,第 2 卷,第 10 期(1935 年 10 月 1 日)。

The China Yearbook, *1931 -36* (Nedeln：Kraus-Thomson, 1969), reprint.

《中国年鉴 1931—1936》,纳德林:克劳斯-汤普森出版社,1969 年,重印本。

Zhou Kaixing, *Zhongguo jingji zhengce* (Taipei：International Economics Publishing House, 1959).

周开锡:《中国经济政策》,台北:国际经济出版社,1959 年。

Chu, Samuel C., *Reformer in Modern China* (New York：Columbia University Press, 1965).

朱昌峻:《现代中国的改革家》,纽约:哥伦比亚大学出版社,1965 年。

Clubb, Oliver Edmund, "Floods of China：A National Disaster," *Journal of Geography*, 31:5 (May 1932).

柯乐博:《中国洪水:一个全国性的灾难事件》,《地理学报》,第 31 卷,第 5 期(1932 年 5 月)。

Cong Shouyu, *Huaihe liuyu dili yu daohuai wenti* (Nanking：Nanjing chongshan shushe, 1933).

宗受于:《淮河流域地理与导淮问题》,南京:南京钟山书社,1933 年。

Dodgen, Randall Allen, *Controlling the Dragon：Confucian Engineers and the Yellow River in the Late Daoguang*, *1835 -1850*, doctoral dissertation, Yale University, 1989.

兰达尔·艾伦·道金:《收服水龙王:道光后期的中国工程师和黄河治理,1835—1850》,耶鲁大学博士论文,1989 年。

——, "Hydraulic Evolution and Dynastic Decline：The Yellow River Conservancy, 1796 - 1855," *Later Imperial China*, 12:2 (December 1991).

兰达尔·艾伦·道金:《水利变迁与朝代衰落:黄河水利,1796—1855》,《晚期中华帝国》第 12 卷,第 2 期(1991 年 12 月)。

Duara, Prasenji, *Culture*, *Power*, *and the State：Rural North China*, *1900 -1942* (Stanford：Stanford University Press, 1988).

杜赞奇:《文化、权力与国家:1900—1942 年的华北农村》,斯坦福:斯坦福大学出版社,1988 年。

Eastman, Lloyd E., *The Abortive Revolution*：*China under Nationalist Rule*, *1927 - 1937* (Cambridge：Council on East Asian Studies, Harvard University, 1974).

易劳逸:《流产的革命:1927—1937 年国民党统治下的中国》,剑桥:哈佛大学东亚研究所,1974 年。

Elias, Ney, "Notes on an Exploration of the New Course of the Yellow River and the Water Supply of the Grand Canal," *Journal of the China Branch of the Royal Asiatic Society*, 4 (1867).

奈·艾利阿斯:《黄河新河道和大运河水量勘察笔记》,《皇家亚洲协会华北分会》,

127

1867 年第 4 期。

——, "Report on an Exploration of the New Course of the Yellow River," *Journal of the North Branch of the Royal Asiatic Society*, 5 (1868).

奈·艾利阿斯:《黄河新河道勘察报告》,《皇家亚洲协会华北分会》,1868 年第 5 期。

"Farm Losses in the 1931 Flood Area in the Yang-tze and Huai River Valley, China," *Nankai Weekly Statistical Service*, 5:28 (July 11, 1932).

《中国 1931 年长江、淮河流域水灾农业损失》,《南开统计周报》,第 5 卷第 28 期(1932 年 7 月 11 日)。

Fei Hsiao-t'ung, *Rural Development in China* (Chicago: University of Chicago Press, 1989).

费孝通:《中国农村发展》,芝加哥:芝加哥大学出版社,1989 年。

Feng Jin, "The National Economic Council," *Chinese Yearbook*, *1935 -36*.

冯进(音译):《全国经济委员会》,《中国年鉴 1935—1936》。

Fincher, John, "Political Provincialism and the National Revolution," in Mary Wright, ed., *China in Revolution: The First Phase* (New Haven: Yale University Press, 1968).

约翰·芬奇:《地方政治和国民革命》,收入玛丽·赖特编:《中国革命:第一阶段》,纽黑文:耶鲁大学出版社,1968 年。

Fitzer, Rudolph, "die Wiederherstellung des Grossen Kanals in China," *Eer Nueu Orient*, 1:1 (April 7, 1917).

鲁道夫·菲策尔:《中国大运河的修复》,《新东方》,第 1 卷第 1 期,1917 年 4 月 7 日。

"Flood Damage in China During 1931," *Chinese Economic Journal*, 10:4 (April 1932).

《中国 1931 年水灾损失》,《中国经济》,第 10 卷第 4 期(1932 年 4 月)。

Fong, H.D., "Toward Economic Control in China," *Nankai Social and Economic Quarterly*, 9:2 (July 1936).

H.D·冯:《中国的经济控制》,《南开社会经济季刊》,第 9 卷,第 2 期(1936 年 7 月)。

Freeman, John R., "Flood Problems in China," *Transactions of the American Society of Civil Engineers*, 85 (1922).

费礼门:《中国水灾问题》,《美国土木工程学会会刊》,1922 年第 85 期。

Gadoffre, Francois, "Le pays de canaux: essai sur la province du Kiang-sou," *Revue de Geographie*, 50:9 (March 1902).

弗朗科斯·加多弗尔:《运河国家:江苏纪游》,《地理评论》,第 50 卷第 9 期(1902 年 3 月)。

Goode, A.T., et al., *Report of the Committee of Experts on Hydraulic and Road*

Questions in China (Geneva: League of Nations, 1936).

A.T·古德等:《国联专家关于中国水利和道路问题的报告》,日内瓦:国联,1936年。

Great Britain, Admiralty, Naval Intelligence Division, Geographical Section, "Waterways in China Proper," *Economic Geography*, *Ports*, *and Communications* (London: His Majesty's Stationary Office, 1945).

大不列颠海军部海军情报处地理科:《中国水道的合理性》,《经济地理、港口和交通》,伦敦:皇家文书局,1945年。

Greer, Charles, *Water in the Yellow River Basin of China* (Austin: University of Texas Press, 1979).

查尔斯·格里尔:《中国黄河流域的水利》,奥斯汀:德克萨斯大学出版社,1979年。

Hackman, Robert Alan, *The Politics of Water Conservancy in the Huai River Basin 1851-1911*, Ph.D. Dissertation, University of Michigan, 1979.

罗伯特·阿兰·哈克曼:《淮河流域的水利政治,1851—1911》,密歇根大学博士论文,1979年。

Hinton, Harold C., *The Grain Tribute System of China* (Cambridge, mass.: Harvard University Press, 1956).

哈罗德·C.辛顿:《晚清漕运制度》,麻省剑桥:哈佛大学出版社,1956年。

Hoe, Y.C., "The Programme of Technical Cooperation Between China and the League of Nations," paper presented at the Fifth Biennial Conference of the institute of Pacific Relations at Banff, Canada, August, 1933.

Y.C.何:《中国和国联的技术合作项目》,1933年8月在加拿大班芙召开的第五届太平洋关系研究会年会(两年一次)上提交的论文。

Hu Changtu, "The Yellow River Conservancy in the Qing Dynasty," *Far Eastern Quarterly*, 9:6 (August 1955).

胡昌度:《清代的黄河治理》,《远东季刊》,第9卷,第6期(1955年8月)。

Hu Huanyung, "A Geographical Sketch of Kiangsu Province," *Geographical Review*, 37:4 (October, 1947).

胡焕庸:《江苏地理概貌》,《地理评论》,第37卷,第4期(1947年10月)。

Huang Li-sheng, *Huaihe liuyude shuili shiye*, Master's Thesis, National Taiwan Normal University, 1986.

黄丽生:《淮河流域的水利事业》,国立台湾师范大学历史研究所硕士论文,1986年。

Huang, Ray, "Pan jixun," in Carrington, L. et al., eds., *Dictionary of Ming Biography* (New York: Columbia University Press, 1976).

黄仁宇撰写的潘季驯词条,收入 L.卡琳顿等编:《明代名人传》,纽约:哥伦比亚大学出版社,1976年。

Jameson, Charles Davis, "River, Lake and Land Conservancy in Portions of the

Provinces of Anhui and Kiangsu, north of the Yangtsze River", *Far Eastern Review*, 9:6 (November, 1912).

查尔斯·戴维斯·詹姆森:《安徽、江苏和长江以北地区的江河、湖泊和土地管理》,《远东评论》,第 9 卷,第 6 期(1912 年 11 月)。

Jing Cunyi, "Hongzehu de xingcheng yu bain qian," in *Huaihe shuilishi lunwenji* (Shuili dianli bu huaihe weiyuanhui, 1987).

景存义:《洪泽湖的形成与变迁》,收入《淮河水利史论文集》,水利电力部淮河委员会,1987 年。

Junkin, William F., "Famine Condition in North Anhui And North Kiangsu," *Chinese Recorder*, 43:2 (February, 1912).

威廉·F. 琼金:《安徽和苏北灾荒情况》,《教务杂志》,第 43 卷,第 2 期(1912 年 2 月)。

Kirby, William C., *Germany and Republican China* (Stanford: Stanford University Press, 1984).

威廉·C.柯比:《德国和中华民国》,斯坦福:斯坦福大学出版社,1984 年。

Lary, Diana, *The Kwangsi Clique in Chinese Politics* (Cambridge: Cambridge University Press, 1974).

黛安娜·拉里:《中国政坛上的桂系》,剑桥:剑桥大学出版社,1974 年。

League of Nations, Council Committee on Technical Cooperation between the League of Nation and China, *Report of the Technical Agent on His Mission in China from the Date of His Appointment until April 1st, 1934* (Geneva, 1934).

国联,国联和中国技术合作委员会理事会:《关于国联技术专家从任命之日至 1934 年 4 月 1 日在中国活动的报告》,日内瓦,1934 年。

Levenson, Joseph and Schurman, Franz, *China : An Interpretive History* (Berkeley: University of California Press, 1969).

约瑟夫·列文森、弗朗兹·舒尔曼:《中国:从起源到汉朝衰落的历史阐释》,伯克利:加州大学出版社,1969 年。

Li Yizhi, *Li Yizhi quanji* (Taipei: Taiwan Commercial Press, 1956).

李仪祉:《李仪祉全集》,台北:台湾商务印书馆,1956 年。

——, *Li Yizhi shuili lunzhu xuanji* (Beijing: shuili dianli chubanshe, 1988).

李仪祉:《李仪祉水利论著选集》,北京:水利电力出版社,1988 年。

Meisner, Maurice, "The Despotism of Concepts: Wittfogel and Marx on China," *China Quarterly*, 16:4 (October-December, 1963).

莫里斯·迈斯纳:《魏特夫和马克思论中国的专制主义》,《中国季刊》,第 16 卷,第 4 期(1963 年 10—12 月)。

Nanjing University College of Agriculture and Forestry Department, *The 1931*

Flood in China: An Economic Survey by the Department of Agricultural Economics, in Cooperation with the National Flood Relief Commission (Nanjing: University of Nanjing, 1932).

金陵大学农学院林学系:《中国 1931 年的洪水——农业经济系和国民政府救济水灾委员会联合进行的一项经济考察》,南京:金陵大学,1932 年。

National Flood Relief Commission (Finance Department), *List of Contributions Received* (From August 1931 to September 30, 1933) (Shanghai: n. p., 1933).

国民政府救济水灾委员会(财政部):《国民政府救济水灾委员会经手捐款清单公告》(从 1931 年 8 月到 1933 年 9 月 30 日),上海:无出版社,1933 年。

——, *Report of the National Flood Relief Commission* (Shanghai: n. p., 1933).

国民政府救济水灾委员会:《国民政府救济水灾委员会报告》,上海:无出版社,1933 年。

——, *The Work of National Flood Relief Commission of the National Government of China* (August 1931 - June 1932) (Shanghai: n. p., 1932).

国民政府救济水灾委员会:《国民政府救济水灾委员会工作实录》(从 1931 年 8 月到 1932 年 6 月),上海:无出版社,1932 年。

"National Irrigation and Conservation in China," in *Far Eastern Review*, 10: 8 (January 1914).

《中国的国家灌溉和水利保护》,《远东评论》,第 10 卷,第 8 期(1914 年 1 月)。

Payer, Cheryl, *Western Economic Assistance to Nationalist China*, 1927 - 1937, Ph. D. dissertation, Harvard, 1972.

谢丽尔·裴尔:《1927—1937 年西方对中国国民政府的经济援助》,哈佛大学博士论文,1972 年。

Perry, Elizabeth, *Rebels and Revolutionaries in North China*, *1845 - 1945* (Stanford: Stanford University Press, 1980).

裴宜理:《华北的叛乱者与革命者,1845—1945》,斯坦福:斯坦福大学出版社,1980 年。

Pomeranz, Kenneth, *The Making of a Hinterland: State, Society, and Economy in Inland North China*, *1853 - 1937* (Berkeley: University of California Press, 1993).

肯尼恩·彭慕兰:《腹地的构建——国家、社会和华北内地的经济,1853—1937》,伯克利:加州大学出版社,1993 年。

Price, Willard, "Grand Canal Panorama," *National Geographic*, 71: 4 (April 1937).

威拉德·普里斯:《大运河概览》,《国家地理》,第 71 卷,第 4 期(1937 年 4 月)。

Quan Lau-king, *China's Relations with the League of Nations*, *1919 - 1936* (Hong

129

Kong: The Asiatic Litho Printing Press, 1939).

权柳金(音译)：《1919—1936 年中国与国联的关系》，香港：亚洲五彩石印局，
1939 年。

Report of the National Flood Relief Commission, *1931 - 1932* (Shanghai: Guomin
zhenfu jiuji shuizai wiyuanhui, 1933).

《1931—1932 年国民政府救济水灾委员会报告》，上海：国民政府救济水灾委员会，
1933 年。

Shen Baixan (Bazin Shen),"The Conservancy Works of the Huai River Scheme,"
China Review, 3(1934).

沈百先：《淮河水利计划工程》，《中国评论》，1934 年第 3 期。

——, "Jiangsu sheng zuijin sannian zhenggong xiufu shuili jingguo," *Shuili yuekan*,
12:2 (February 1937).

沈百先：《江苏省最近三年征工修复水利经过》，《水利月刊》，第 12 卷，第 2 期(1937
年 2 月)。

——, Zhang Guangcai, et. al., *Zhonghua shuili* (Taipei: Commercial Press,
1979).

沈百先、张贯采(音译)等：《中华水利》，台北：商务印书馆，1979 年。

Shen Yunlong, ed., *Zhongguo shuili yaoji yepain*① (Taipei: Wenhai chubanshe,
1970).

沈云龙编：《中国水利要籍丛刊》，台北：文海出版社，1970 年。

Sheridan, James, *China in Disintegration* (New York: The Free Press, 1975).

詹姆士·谢立丹：《分裂的中国》，纽约：自由出版社，1975 年。

Shuilibu huaihe shuili weiyuanhui, *Huaihe shuili jianshi* (Beijing: Shuili dianli chu-
banshe, 1990).

水利部淮河水利委员会：《淮河水利简史》，北京：水利电力出版社，1990 年。

Shuili shuidian kexue yanjiuyuan, *Qingdai huaihe liuyu honglao dangan shiliao* (Bei-
jing: Zhonghua shuju, 1988).

水利水电科学研究院：《清代淮河流域洪涝档案史料》，北京：中华书局，1988 年。

Sih, Paul K.T., *The Streneoud Dacade : China's Nation-Building Efforts*, *1927 -37*
(Jamaica N.Y.: St. John's University Press, 1970).

薛光前：《艰难的 10 年：1927—1937 年中国国家建设》，纽约牙买加：圣约翰大学出版
社，1970 年。

de C. Sowerby, A.,"China's Catastrophic Floods," *China Journal*, 15 (1931).

苏柯仁：《中国的悲惨水灾》，《中国杂志》，1931 年第 15 期。

---

① 疑为《中国水利要籍丛刊》的误拼。——译者注

Spence, Jonathan, *The Search for Modern China* (New York: W. W. Norton, 1990).

史景迁:《追寻现代中国》,纽约:W. W.诺顿出版公司,1990 年。

Strauss, Julia Candace, "Bureaucratic Reconstitution and Institution Building in the Post-Imperial Chinese State: The Dynamics of Personnel Policy, 1912 – 45," Ph. D. dissertation, University of California, Berkeley, 1991.

朱丽亚·坎迪斯·施特劳斯:《中华民国的国家建设和体制建设:人事政策变迁(1912—1945)》,加州大学伯克利分校博士论文,1991 年。

Strobe, George G., "The Great Central China Flood of 1931," *China Records*, 63:11 (November 1932).

乔治·G.斯托比:《1931 年中国中原地区的特大洪水》,《教务杂志》,第 63 卷,第 11 期(1932 年 11 月)。

Sun Yat-sen, "The International Development of China," dated July 20, 1920, in *Guofu Quan-ji* (Taipei: Zhongguo guomindang zhongyang weiyuanhui dangshi weiyuanhui, 1981).

孙中山:《实业计划》,1920 年 7 月 20 日,收入《国父全集》,台北:中国国民党中央委员会党史委员会,1981 年。

Sung His-shang, *Shuo Hwai* (Nanjing: Jinhua Press, 1929).

宋希尚:《说淮》,南京:金华出版社,1929 年。

Tai Shili, "Wuzhi wujiao," *Duli Pinglun*, 95 (April 8, 1934).

泰史利(音译):《无知无教》,《独立评论》第 95 号,1934 年 4 月 8 日。

Tau, Siu, *L'Oeuvre du Conseil National Economique Chinois*, Doctoral Dissertation, L'Université de Nancy, 1936.

陶修(音译):《民国时期经济研究》,南希大学博士论文,1936 年。

Taylor, George E., *The Reconstruction Movement in China* (London, 1936).

乔治·E.泰勒:《中国的建设运动》,伦敦,1936 年。

Tien Hung-mao, *Government and Politics in Kuomintang China*. 1927 – 1937 (Stanford: Stanford University Press, 1972).

田弘茂:《国民党中国的政府与政治,1927—1937》,斯坦福:斯坦福大学出版社,1972 年。

Todd, O.J. "Economics of Flood Control in China," in *China Social and Political Science Review*, 14 (1930).

O.J.托德:《中国的经济和水灾控制》,《中国社会政治科学评论》,1930 年第 14 期。

——, *Two Decades in China* (Taipei: Cheng Wen Publishing Company, 1971).

O.J.托德:《在中国的 20 年》,台北:成文出版社,1971 年。

——, "Famine Prevention and Relief Project," *Far Eastern Review*, 28:8 (August,

1932)。

O.J.托德:《灾害预防和救灾工程》,《远东评论》,第 28 卷,第 8 期(1932 年 8 月)。

Van Slyke, Lyman, *Yangtze: Nature, History and the River* (Stanford: Stanford Alumni Association, 1988).

莱曼·范·斯莱克:《长江:自然、历史和河流》,斯坦福:斯坦福大学校友联合会, 1988 年。

Vermeer, Edward B. , "Pan Jixun's Solutions for the Yellow River Problems of the Late 16th Century," in *Tong Bao*, 70:3(1987).

爱德华·B.维梅尔:《16 世纪末潘季驯解决黄河问题的办法》,《通报》,第 70 卷,第 3 期(1987 年)。

Wang Shuhuai, "Jiang Zhongzheng xiansheng yu daohuai shiye," *Jiang Zhongzheng xiansheng yu xiandaihua* (Collected papers of conference on Chiang Kai-shek and Modern China, Held in Taipei, 1988), vol. 3.

王树槐:《蒋中正先生与导淮事业》,收入《蒋中正先生与现代化》(1988 年在台北举办的"蒋介石和现代中国"会议论文集),第 3 卷。

——, "Chen Guofu yu daohuai ruhai gongcheng," *Zhuhai Journal*, 16 (October, 1988).

王树槐:《陈果夫与导淮入海工程》,《珠海杂志》,第 16 期(1988 年 10 月)。

——, *Gengzi Peikuan* (Taipei: Zhongyang yanjiuyuan jindaishi yanjiusuo, 1985).

王树槐:《庚子赔款》,台北:中央研究院近代史研究所,1985 年。

Wang Zulie, *Huaihe liyou zhili zongshu* (Beng bu: Shuili dianliebu zhihuai weiyuan-hui, 1987).

王祖烈:《淮河流域治理综述》,蚌埠:水利电力部治淮委员会,1987 年。

Williamson, A. , "Notes of a Journey from Peking to Chefoo via the Grand Canal," *Journal of the North China Branch of the Royal Asistic Society*, 3:1 - 6 (1866).

A.威廉森:《从北京经大运河至芝罘旅行记》,《皇家亚洲协会华北分会》,第 3 卷,第 1—6 期,1866 年。

Wu Dakun, "An Interpretation of Chinese Economic History," in *Past and Present*, 1:1 (February, 1952).

吴大琨:《中国经济史诠释》,《过去与现在》,第 1 卷,第 1 期(1952 年 2 月)。

Wu Ruobing, Fan Chengtai, "Huaihe xiayoude honglao zaihai taolun," in *Jianghuai shuilishi lunwenji* (Beijing: Zhongguo shuili xuehui shuilishi yanjiuhui, 1993).

吴若冰、范成泰:《淮河下游的洪涝灾害对策讨论》,收入《江淮水利史论文集》,北京: 中国水利学会水利史研究会,1993 年。

Hu Ch'ang-tu, *The Yellow River Administration in the Ch'ing Dynasty* (Ann Arbor:

Univ. Microfilms, 1954).

胡昌度:《清代的黄河治理》,安娜堡:密西根大学安娜堡分校,微缩胶卷,1954 年。

Xu Jingchang, "Zhang Jian de zhishui sixiang he zhishui huodong" in Zhongguo shuilixuehui shuilishi yanjiuhui, *Zhongguo jindai shuilishi lunwenji* (Nanjing: hehai daxue chubanshe, 1992).

须景昌:《张謇的治水思想和治水活动》,收入中国水利学会水利史研究会编:《中国近代水利史论文集》,南京:河海大学出版社,1992 年。

Xu Kai, "Daohua wenti" in Wang Yuanwu, ed., *Zhongguo shuili wenti* (Nanjing: Shangwu yinwhuguan, 1939).

须恺:《导淮问题》,收入王元武(音译)编:《中国水利问题》,南京:商务印书馆,1939 年。

Yang Lianshen, "Economic Aspects of Public Works in China," in *Excursions in Sinology*, Harvard-Yenching Institute Studies 24 (Cambridge, Mass.: Harvard University Press, 1969).

杨联陞:《从经济角度看帝制中国的公共工程》,收入《汉学散策》,哈佛燕京学社研究系列,第 24 卷,麻省剑桥:哈佛大学出版社,1969 年。

Yao Hanyuan, *Zhongguo shuili shi gangyao* (Beijing: Shuili dianli chubanshe, 1987).

姚汉源:《中国水利史纲要》,北京:水利电力出版社,1987 年。

Yao shenyu[1], "The Geographical Distribution of Floods and Droughts in Chinese History, 206 B.C.-A.D.1911," *Far Eastern Quartely*, 2:4 (August 1943); also in *Harvard Journal of Asiatic Studies*, 6:3/4 (February 1942).

姚善友:《公元前 206 年到 1911 年中国历史上水旱灾害的地理分布》,《远东季刊》,第 2 卷,第 4 期(1943 年 8 月),亦收入《哈佛亚洲研究》,第 6 卷,第 3—4 期(1942 年 2 月)。

Yellow River Water Conservancy Commission, *Huanghe Zhi* (n.p.: Yellow River Chronicle, 1935).

黄河水利委员会编:《黄河志》,无出版社:黄河编年史,1935 年。

Zanasi, Margherita, *Nationalism, Autarky, and Economic Planning in 1930s China*, Ph.D. Dissertation, Columbia University, 1997.

曾玛莉:《20 世纪 30 年代中国的国家主义、经济封闭和经济计划》,哥伦比亚大学博士论文,1997 年。

Zha Yimin, "Zhongguo diyisuo shuili gaodeng xuefu," in Zhongguo shuili xuehui shuilishi yanjiuhui, *Zhongguo jindai shuilishi lunwenji* (Nanjing: Hehai daxue

---

① 实际上应该是 Yao Shanyou。——译者注

chubanshe, 1992).

查一民:《中国第一所水利高等学府》,收入中国水利学会水利史研究会编:《中国近代水利史论文集》,南京:河海大学出版社,1992 年。

Zhao Ruheng, et. al., eds., *Jiangsu shengjian* (Shanghai: Xin zhongguo jianshe xuehui, 1935).

赵如珩等编:《江苏省鉴》,上海:新中国建设学会,1935 年。

Zheng Zhaojing, *Zhongguo shuili shi* (Changsha: Commercial Press, 1939).

郑肇经:《中国水利史》,长沙:商务印书馆,1939 年。

——, "Qian subei shuilishi de wenti," in *Huaihe shuilishi lunwenji* (Bejing: Shuili dianli bu huaihe weiyuanhui, 1987).

郑肇经:《前苏北水利史的问题》,收入《淮河水利史论文集》,北京:水利电力部淮河委员会,1987 年。

Zhi Chaoting, *Key Economic Area in Chinese History as Revealed in the Development of Public Works for Water-Control* (London: George Allen & Unwin, 1936).

冀朝鼎:《中国历史上的基本经济区与水利事业的发展》,伦敦:乔治·爱伦和爱文出版社,1936 年。

——, "Qian subei shuilishi de wenti," in *Huaihe shuilishi lunwenji* (Beijing: Shuili dianli bu Huaihe weiyuanhui, 1987).

冀朝鼎:《前苏北水利史的问题》,收入《淮河水利史论文集》,北京:水利电力部淮河委员会,1987 年。

Zhou Kuiyi, "Shehui jinbu dui hongshuizaihai yingxiang de lishi yanjiu," in *Jianghuai shuilishi luwenji* (Beijing: Zhongguo shuili xuehui shuilishi yanjiuhui, 1993.)

周魁一:《社会进步对洪水灾害影响的历史研究》,收入《江淮水利史论文集》,北京:中国水利学会水利史研究会,1993 年。

索 引[①]

A

1931 Yangtze and Huai River Flood, 61 – 63, 66 – 68

1931 年的长江与淮河水灾,61—63,66—68

"A Plan to Split Huai Drainage", 32

《江淮分疏计划》, 32

"A Song for Electrification", 112

《电气建国歌》,112

A. R. Burkill & Sons, 66

美国贸易公司祥茂洋行,66

Administrative Yuan, 89, 113

行政院, 89,113

All-China Water Conservancy Bureau, 31, 36, 47

全国水利局,31,36,47

American Grain Stabilization Corporation, 65, 70 – 71

美国粮食平价委员会,65,70—71

American Red Cross, 30, 31 – 32, 33 – 34, 47, 65

美国红十字会,30,31—32,33—34,47,65

Anhui

安徽

---

① 译者说明:索引中的页码为原文页码。

---

① 国民政府救济水灾委员会,简称"国水委"。——译者注

British Boxer Indemnity, 81, 82

中英庚子赔款,81,82

Bu Wancang, 112

卜万苍,112

Buck, J. Loessing, 66

卜凯,约翰·洛辛,66

Buddhist Society, 63

佛教会,63

Butterfield & Swire, 65

太古洋行,65

C

canal transportation, 6 - 7, 8, 17, 26

运河漕运,漕粮,6—7,8,17,26

Central Administrative Commission, 93

中央行政委员会,93

Central Executive Commission, 105

国民党中央执行委员会,105

Central Political Commission, 89 - 90, 91, 93, 94

中央政治委员会,89—90,91,93,94

centralization

统一管理,综合管理

    Huai River Conversancy Commission and, 46, 55 - 56, 92 - 93, 100

    导淮委员会与综合管理,46,55—56,92—93,100

    National Economic Commission and, 92 - 93

    全国经济委员会与统一管理,92—93

    National Flood Relief Commission and, 68

    国民政府救济水灾委员会与统一管理,68

134

    of national water control administration, 88 - 96

    全国水利的统一管理,88—96

Chatley, Dr. Herbert, 85 - 86

赫伯特·查德理,85—86

Chen Gongbo, 94

陈公博,94

Chen Guofu

陈果夫

高德, A. T., 84

corveé labor, 16

徭役, 16

D

Daoguang emperor, 16

道光皇帝, 16

Dividing the Huai, 27

导淮, 27

Daohuai Survey Bureau, 27, 28

导淮局, 27, 28

Ding Xian, 27

丁显, 27

Director of Water Conservancy (Han Dynasty), 6

督水(汉代), 6

Dodgen, Randall, 26

道金, 兰达尔, 26

donghe(East branch of Yellow River Administration), 25

东河, 25

Dongtai, 109

东台, 109

E

E.D. Sassoon Banking Company, 86

沙逊洋行, 86

Eastman, Lloyd, 106

易劳逸, 106

Executive Yuan, 82, 88

行政院, 82, 88

F

Farm Rehabilitation Bureaus, 75

农垦局, 75

Fei River, 99

肥河, 99

fen Huang dao Huai, 11 - 12

G

H

138

159

139

O

---

① 此处的拼音应为 Zhuang Songfu,疑为作者笔误。——译者注

X

Xinghua, 114

兴化,114

Xu Kai, 97

须恺,97

Xu Shiying, 64

许世英,64

Y

Yan Ruoqu, 16, 17

阎若璩,16,17

Yangtze River

长江

    1931 flood of, *xvii*, 61 - 63, 72

    长江 1931 年的洪水,*xvii*,61—63,72

    Huai River drainage and, 47 - 48, 104

    长江和淮河泄流量,47—48, 104

    in prehistoric era, *xv*

    史前时期的长江,*xv*

Yangtze River Commission, 42, 49

长江委员会,42,49

Yellow River

黄河

    1194 course change, 8 - 9

    黄河 1194 年的改道,8—9

    1855 course change, 17

    黄河 1855 年的改道,17

    Connection with Huai River system, 1

    黄河与淮河水系的交汇,1

    destruction of dikes in 1938, 119

    1938 年炸毁黄河大堤,119

    in prehistoric era, *xv*

    史前时期的黄河,*xv*

Yellow River Administration（YRA）

河道总督

"海外中国研究丛书"书目